# 江湖关系变化下
# 长江中下游通江湖泊
# 水资源利用与调控研究

王冬　陈炯宏　方娟娟　杨春花　著

中国水利水电出版社
www.waterpub.com.cn
·北京·

**内 容 提 要**

本书以“水文情势变化—两湖（洞庭湖、鄱阳湖）水资源利用安全影响—综合调控”逻辑链条为技术路线，围绕两湖水资源利用对长江干流水位变动的响应机理和调控模式，分析了长江与洞庭湖、鄱阳湖水沙变化特征与机理，研究了两湖水资源量变化的主要影响因素，剖析了江湖关系变化对灌溉及城乡供水的影响，提出了适应江湖关系变化的两湖水资源综合调控方案，为保障洞庭湖、鄱阳湖地区经济社会可持续发展提供了科学理论依据。

本书可供水利、地理、气象、环保、国土资源等领域的广大科技工作者、工程技术人员参考使用。

**图书在版编目（CIP）数据**

江湖关系变化下长江中下游通江湖泊水资源利用与调控研究 / 王冬等著. -- 北京 : 中国水利水电出版社, 2024. 12. -- ISBN 978-7-5226-3039-7

Ⅰ. TV213.2

中国国家版本馆CIP数据核字第20252RT545号

| | |
|---|---|
| 书　　名 | **江湖关系变化下长江中下游通江湖泊水资源利用与调控研究**<br>JIANG－HU GUANXI BIANHUA XIA CHANG JIANG ZHONG－XIAYOU TONGJIANG HUPO SHUIZIYUAN LIYONG YU TIAOKONG YANJIU |
| 作　　者 | 王　冬　陈炯宏　方娟娟　杨春花　著 |
| 出版发行 | 中国水利水电出版社<br>（北京市海淀区玉渊潭南路1号D座　100038）<br>网址：www.waterpub.com.cn<br>E－mail：sales@mwr.gov.cn<br>电话：（010）68545888（营销中心） |
| 经　　售 | 北京科水图书销售有限公司<br>电话：（010）68545874、63202643<br>全国各地新华书店和相关出版物销售网点 |
| 排　　版 | 中国水利水电出版社微机排版中心 |
| 印　　刷 | 北京中献拓方科技发展有限公司 |
| 规　　格 | 170mm×240mm　16开本　13.75印张　191千字 |
| 版　　次 | 2024年12月第1版　2024年12月第1次印刷 |
| 定　　价 | **65.00**元 |

凡购买我社图书，如有缺页、倒页、脱页的，本社营销中心负责调换

# 前言

鄱阳湖、洞庭湖是我国第一、第二大淡水湖，作为天然水库与长江干流连通，一方面具有调蓄长江中下游洪水的重要功能，另一方面作为流域水资源配置体系的重要组成部分，丰沛的水资源造就了洞庭湖、鄱阳湖流域“两湖熟、天下足”的美名。长江干流与两湖湖区分、汇流关系复杂，在干流水位顶托下，湖区枯期成河、汛期成湖，水资源量年季变化规律较为复杂。远景来看，在径流变化、水位变化以及人类社会发展等多因素叠加作用下，水资源供需变化规律是影响供水和取用水的关键问题。

本书针对长江干流水位变动引发的洞庭湖、鄱阳湖（以下简称两湖）水资源利用问题，从水沙变化条件下长江与洞庭湖、鄱阳湖水位联动变化规律研究入手，厘清多因素影响下两湖湖区水资源供需变化规律，量化分析并提出影响两湖湖区水资源利用的关键胁迫因子，基于最新长系列水文资料改进两湖湖区灌溉供水安全水位指标，在此基础上分析江湖关系变化对两湖水资源利用安全形势的影响，提出适应江湖关系变化的两湖水资源利用的综合调控建议，为增强两湖水资源调节能力提供科学支撑。

本书由王冬统稿，并负责书稿的统筹、谋划、大纲编排、人员分工及第 1 章、第 5 章的撰写工作；方娟娟负责书稿的校核及第 2 章的撰写工作；陈炯宏负责书稿的汇总及第 3 章的撰写工作；杨春花负责书稿的审核及第 4 章的撰写、参考文献、插图整理工作。

本书的研究得到了国家重点研发计划课题“江湖关系新变化对两湖水资源利用影响及适应性调控”、“枯水条件下长江中下游、两湖及长江口供水安全评价及预警技术”，国家自然基金项目“干流径流过程突变对通江过水型湖泊河湖转换过程的影响研究”的资助，在写作过程中得到了长江水利委员会水文局等单位的大力支持，在此谨表谢意。

由于作者水平有限，编写时间仓促，书中还存在一些不妥之处及需进一步深入研究探讨的问题，希望读者和有关专家批评指正，并将意见反馈给我们，以便今后改正。

**作者**

2024年12月

# 目录

# 1 绪论

## 1.1 研究背景和意义

江湖系统存在于世界上多个流域，如亚洲的长江流域与湄公河流域，欧洲的多瑙河流域与莱茵河流域，美洲的密西西比河流域、五大湖区以及加拿大马更些河流域，大流域中的江湖水系彼此之间相互作用、相互制约，形成了独特而复杂的江—河—湖系统。长江中下游分布着大量湖泊，这些湖泊历史上大部分与干流连通，形成独特的江湖系统。一般来说对于长江流域，江湖关系是指长江干流与洞庭湖、鄱阳湖之间的水沙互馈关系。鄱阳湖、洞庭湖是我国第一、第二大淡水湖，作为天然水库与长江干流连通，一方面具有调蓄长江中下游洪水的重要功能，另一方面作为流域水资源配置体系的重要组成部分，丰沛的水资源造就了洞庭湖、鄱阳湖流域“两湖熟、天下足”的美名。长江干流与两湖湖区分、汇流关系复杂，在干流水位顶托下，湖区枯期成河、汛期成湖，水资源量年季变化规律较为复杂。远景来看，在径流变化、水位变化以及人类社会发展等多因素叠加作用下，水资源供需变化规律是影响供水和取用水的关键问题。

随着长江与两湖流域干支流控制性水库群运行等人类活动影响加剧，长江中游干流与两湖水文情势发生显著改变，一些水资源问题也开始逐渐显现。在水库蓄水、泥沙拦截、清水下泄以及下游河床冲刷等影响下，长江中下游干流中水期、枯水期同流量水位下降，长江对两湖形成“拉空”之势，江湖水量交换开始呈现趋势性变化，进而导致湖区水资源供需规律发生变化，影响两湖湖区水资源综合利用水平。近年来已有研究在长江上游控制性水库运行影响大坝下游干流与洞庭湖、鄱阳湖的江湖关系、水文节律、水沙交换等趋势性变化方面，取得重要进展。一般认为，鄱阳湖与长江干流之间的水力坡度加大，湖水出流加快，导致湖区水位下降，枯水期大幅提前，同时频繁出现极低水位；洞庭湖则由于荆南三口河道分流量继续保持下降趋势，断流时间提前，断流时段延长，进水时间延后，中水期、枯水期同流量时水位降低，导致大部分依靠从三口河道引水的沿河灌溉涵闸在春灌期间不能正常引水。此外，河道水位降低，导致现有提灌站扬程增大，机组不能正常使用；供水保证率下降，部分城区自来水取水口甚至无法取水。两湖枯水情势的变化进一步加剧了湖区引、提水的困难，造成湖区农业不同程度的旱灾损失。

洞庭湖与鄱阳湖在长江水资源调节方面有着举足轻重的作用。本书从水沙变化条件下长江与洞庭湖、鄱阳湖水位联动变化规律研究入手，厘清多因素影响下两湖湖区水资源供需变化规律，量化分析并提出影响两湖湖区水资源利用的关键胁迫因子，基于最新长系列水文资料改进两湖湖区灌溉供水安全水位指标，在此基础上分析江湖关系变化对两湖水资源利用安全形势影响，提出适应江湖关系变化的两湖水资源利用的综合调控建议，为增强两湖水资源调节能力提供科学支撑。成果将有效促进相关学科理论的发展，可直接应用于洞庭湖和鄱阳湖的保护与治理实践，对保障长江中下游水安全和推动长江经济带高质量发展，具有重要的理论和现实意义。

**1. 洞庭湖区概况**

洞庭湖位于东经111°14′～113°10′、北纬28°30′～30°23′，即荆江河段南岸、湖南省北部，为我国第二大淡水湖。洞庭湖水系主要由湘江、资水、沅江、澧水四大水系（简称湖南四水或洞庭四水）和长江松滋口、太平口、藕池口、调弦口四口分流水系组成，还有汨罗江、新墙河等支流入汇，在城陵矶附近汇入长江，多年平均年入湖水量约2540亿$m^3$。

洞庭湖区是指荆江河段以南，湘、资、沅、澧四水尾闾控制站以下，高程在50m以下跨湘、鄂两省的广大平原、湖泊水网区，总面积20109$km^2$，其中天然湖泊面积约2625$km^2$，洪道面积1418$km^2$，受堤防保护面积16066$km^2$。

洞庭湖的地势西高东低，被分成东洞庭湖、南洞庭湖、西洞庭湖（由目平湖、七里湖组成），自西向东形成一个倾斜的水面。四口水系（也称荆南四河）由松滋河、虎渡河、藕池河和调弦河组成，全长956.3km，四口水系河道情况见表1.1-1。

**表1.1-1　　四口水系河道情况统计表**

| 河名 | | | 河道范围 | 河道总长度/km | 湖南省河道长度/km | 湖北省河道长度/km |
|---|---|---|---|---|---|---|
| 主流 | 支河 | 串河 | | | | |
| 松滋 | | | 起：松滋口；止：松滋大口 | 22.7 | | 22.7 |
| | 松东河 | | 起：松滋大口；止：新开口 | 137.2 | 49.5 | 87.7 |
| | 松西河 | | 起：松滋大口；止：张九台 | 119.2 | 36.3 | 82.9 |
| | 松中河 | | 起：青龙窖；止：小望角 | 33.2 | 33.2 | |
| | 松虎合流段 | | 起：新开口；止：肖家湾 | 21.2 | 21.2 | |
| | | 莲支河 | 起：松东肖家嘴；止：松西沙子口 | 6 | | 6 |

续表

| 河名 | | | 河道范围 | 河道总长度/km | 湖南省河道长度/km | 湖北省河道长度/km |
|---|---|---|---|---|---|---|
| 主流 | 支河 | 串河 | | | | |
| 松滋 | | 官支河 | 起：松东同丰尖；止：松东薄田咀 | 23 | | 23 |
| | | 中河口河 | 起：中河口；止：中河口 | 2 | | 2 |
| | | 葫芦坝串河 | 起：松东下河口；止：松西尖刀咀 | 5.3 | 5.3 | |
| | | 苏支河 | 起：松西双河场；止：松东港关 | 10.6 | | 10.6 |
| | | 澧水故道 | 起：彭家港；止：澧水洪道 | 6.5 | 6.5 | |
| | | 西江 | 起：濠口；止：澧水洪道 | 14.9 | 14.9 | |
| 虎渡河 | | | 起：太平口；止：新开口 | 136.1 | 44.9 | 91.2 |
| 藕池河 | 藕池河东支 | | 起：王蜂腰闸；止：华容县流水沟 | 94.3 | 67.3 | 27 |
| | 藕池河西支 | | 起：王蜂腰闸；止：南县下柴市 | 70.4 | 51.5 | 18.9 |
| | 藕池河中支 | | 起：黄金咀；止：南县新镇州 | 74.7 | 62.1 | 12.6 |
| | | 鲇鱼须河 | 起：华容县殷家洲；止：南县九都 | 27.9 | 27.9 | |
| | | 陈家岭河 | 起：南县陈家岭；止：南县葫芦咀 | 24.3 | 24.3 | |
| | | 沱江 | 起：南县城关；止：茅草街 | 41.2 | 41.2 | |
| 调弦河 | | | 起：调弦口；止：六门闸 | 60.7 | 48.0 | 12.7 |
| | 南支 | | 起：护城；止：罐头尖 | 24.9 | 24.9 | |
| 合计 | | | | 956.3 | 559 | 397.3 |

松滋河是由松滋口分流入湖的洪道，为1870年长江大洪水冲开南岸堤防所形成。松滋口到松滋大口河段长度为22.7km。松滋河在松滋大口分为东西二支。西支（松西河）在湖北省内自松滋大口经新江口、狮子口到杨家垱，长约82.9km，从杨家垱进入湖南省后在青龙窖分为官垸河和自治局河；官垸河自青龙窖经官垸、濠口、彭家港于张九台汇入自治局河，长约36.3km；自治局河又称为松滋河中支（松中河），自青龙窖经三岔脑、自治局、张九台于小望角与东支（松东河）汇合，长约33.2km。东支在湖北省境内自松滋大口经沙道观、中河口、林家厂到新渡口进入湖南省，长约87.7km；东支在湖南省境内部分又称为大湖口河，由新渡口经大湖口、小望角在新开口汇入松虎合流段，长约49.5km。松虎合流段由新开口经小河口于肖家湾汇入澧水洪道，长约21.2km。此外还有7条串河分别为：沙道观附近西支与东支之间的串河莲支河，长约6km；南平镇附近西支流向东支的串河苏支河，长约10.6km；曹咀垸附近松东河支汊官支河，长约23km；中河口附近东支与虎渡河之间的串河中河口河，长约2km；尖刀咀附近东支和西支之间的葫芦坝串河（瓦窑河），长约5.3km；官垸河与澧水洪道之间在彭家港、濠口附近的两条串河，分别长约6.5km、14.9km。

虎渡河自太平口分流经弥陀寺、黄金口、闸口、黄山头节制闸（南闸）、董家垱到新开口与松滋河合流后经松虎合流段汇入西洞庭湖，虎渡河全长约136.1km。

藕池河于荆江藕池口分泄长江水沙进入洞庭湖，水系由一条主流和三条支流组成，跨越湖北公安、石首和湖南南县、华容、安乡五县（市），河道总长约332.8km。主流即藕池东支，自藕池口经管家铺、黄金咀、梅田湖、注滋口入东洞庭湖，全长94.3km；藕池西支亦称安乡河，从藕池口经康家岗、下柴市与中支合并，全长70.4km；中支由黄金咀经下柴市、厂窖，至茅草街汇入南洞庭湖，全长74.7km；另有一支沱江，自南县城关至茅草街连通藕池东支和南洞庭湖，河长

41.2km，目前已建闸控制；此外，陈家岭和鲇鱼须河分别为中支和东支的分汊河道，长度分别为24.3km和27.9km。

调弦河又称华容河，是由调弦口分流入湖的洪道，于大王山进入湖南华容县，至治河渡分为南、北两支，北支经潘家渡、罐头尖至六门闸入东洞庭湖，全长为60.7km；南支经护城、层山镇至罐头尖与北支汇合，南支河长24.9km。1958年调弦口已建灌溉闸控制。

**2. 鄱阳湖区概况**

鄱阳湖水系是以鄱阳湖为汇集中心的辐聚水系，由赣江、抚河、信江、饶河、修水（简称江西五河或鄱阳五河）和环湖区直接入鄱阳湖河流共同组成。各河来水汇聚鄱阳湖后，经调蓄于江西省湖口注入长江。流域地处长江中下游右岸，位于东经113°30′～118°31′、北纬24°29′～30°02′之间，流域面积16.22万$km^2$，约占长江流域面积的9%。鄱阳湖流域内地势南高北低，边缘群山环绕，中部丘陵起伏，北部平原坦荡，四周渐次向鄱阳湖区倾斜，形成南窄北宽以鄱阳湖为底部的盆地状地形。鄱阳湖水系河湖密布。控制流域面积达10$km^2$以上河流有3771条，控制流域面积100$km^2$以上河流有426条，其中，100～1000$km^2$河流有384条，1000～10000$km^2$河流有37条，大于10000$km^2$河流有赣江、抚河、信江、饶河、修水5条（简称五河），五河总计控制流域面积14.70万$km^2$，占鄱阳湖水系控制流域总面积的90.6%。五河河口至湖口区间面积1.523万$km^2$，占9.4%。多年平均入湖水量约1250亿$m^3$。鄱阳湖区是指湖口水位22.50m（吴淞高程）时湖面区域，湖区面积28264$km^2$。

鄱阳湖略似葫芦形，湖面以松门山为界，分为南北两部分，南部宽广，为主湖区，北部狭长，为湖水入长江水道区。全湖最大长度（南北向）173km，东西平均宽度16.9km，最宽处约74km，入江水道最窄处的屏峰卡口，宽约为2.8km，湖岸线总长1200km。湖盆自东向西、自南向北倾斜，湖底高程由10m降至湖口黄海基面以下1m。湖中有25处共41个岛屿，总面积103$km^2$，岛屿率2.3%。

鄱阳湖是过水性、吞吐型、季节性的湖泊，水位涨落受五河及长江来水的双重影响，高水湖相，低水河相，具有“高水是湖、低水似河”“洪水一片，枯水一线”的独特形态。每年4—6月随流域洪水入湖而上涨，7—9月因长江洪水顶托或倒灌而壅高，10月稳定退水，逐渐进入枯水期。汛期，五河洪水入湖，湖水漫滩，湖面扩大，碧波荡漾，茫茫无际；冬春枯水季节，湖水落槽，湖滩显露，湖面缩小，比降增大，流速加快，与河道无异。洪、枯水期的湖泊面积、容积相差极大，湖口水位20.75m时（黄海基面），相应面积5100$km^2$（含康山、珠湖、黄湖、方洲斜塘4个分蓄洪区面积），容积365亿$m^3$；湖口水位4.06m时，面积146$km^2$，容积4.5亿$m^3$。

## 1.2 研究进展

### 1.2.1 两湖水资源变化规律研究进展

目前，国内对于长江中下游江湖水情变化的研究，多为利用长江中下游干流主要控制站及洞庭湖、鄱阳湖流域入湖控制站的水情观测资料，借助数理统计、时间序列等分析方法，分析水情变化的周期特性、年内年际变化特性，在认识和分析江湖水情变化规律的基础上，开展江湖水情影响因子的识别，研究便于揭示江湖相互作用的驱动机制（仲志余等，2008；郭小虎等，2010；赵军凯，2011；施勇等，2010；赵军凯等，2013；韩其为，2014；万荣荣等，2014）。近年来，受气候变化和人类活动共同影响的水循环系统演变机制研究受到国内外普遍关注，江湖关系受到气候变化、构造沉降、水土流失、泥沙淤积、长江河势变化等自然因素的影响（来红州等，2004）。同时20世纪以来的人类活动加速了江湖关系的调整（Du et al.，2011），对长江中下游河道及洞庭湖、鄱阳湖产生了不同程度的影响，特别是三峡水库蓄水运用后，对于长江中下游地区尤其是洞庭湖、鄱阳湖等湖泊水系带来如何的影响，是目前研究的热点。

洞庭湖是长江中下游重要的吞吐型湖泊，由于地理位置和来水条件的特殊性，湖泊水位变动不仅受气候因素等自然条件的影响，同时受到长江和四水来水等的重要影响（胡向阳等，2010；李景保等，2013）。目前，对于洞庭湖水情的研究主要集中在四水径流量的变化（钱湛等，2014；梁亚琳等，2015）、三口分流的变化（胡光伟等，2014；赵秋湘等，2020）以及出湖水量的变化（施修端等，2000；唐金武等，2010）等。特别是近50年来水利工程的建设运行等人类活动影响加剧，洞庭湖水位和水量变化呈现出新的变化特征和趋势（余明辉等，2005；姜加虎等，1996；何征等，2015）。史璇等（2012）指出，洞庭湖历史水位呈现3个周期变化，从长时间序列来看，近年洞庭湖水位处于较低水平。许多学者从荆江三口分流分沙变化（Yang et al.，2007；甘明辉等，2011；朱玲玲等，2016）、洞庭湖出口水沙变化（郭小虎等，2011；来红州等，2004；李景保等，2005）、洞庭湖面积和淤积情况（田伟国等，2012；刘可群等，2009；余姝辰等，2019）、洞庭湖水情的变化（戴仕宝等，2005；刘卡波等，2011；王鸿翔等，2019）等角度，分析了三峡水库蓄水运用前后对于洞庭湖的影响。三峡工程的建设，极大地改变了原来洞庭湖与长江的江湖关系，洞庭湖区抵御洪灾压力有所减轻（胡光伟等，2014）。三峡水库蓄水运用后由于清水下泄造成荆江河段的冲刷（熊海滨等，2020），沙市附近河段同流量下的水位出现不同程度的降低，三口分流河道口门水位相应下降，造成三口河道分流、分沙量显著减小，对洞庭湖产生了不容忽视的影响（方春明等，2007；方春明等，2014；李义天等，2001）。葛华等（2014）计算了三峡水库中小洪水调度期间洞庭湖水量变化情况，认为汛期洞庭湖水位下降、蓄水量减少，有利于湖区防洪。徐卫红等（2022）利用模型计算了典型洪水条件下三峡水库调洪作用减少了长江分泄洞庭湖洪水，降低大洪水期间的洞庭湖水位和湖内洪量。贺秋华等（2021）利用卫星遥感数据分析三峡水库蓄水运用前后洞庭湖水资源量变化情况，认为蓄水后洞庭湖年均水面面积减少20.45%，消落期枯水位提前1个月。付湘等（2019）认为三峡水库蓄水运用导致的长江干流水位变动会引起洞庭湖蓄水量发生变化，对湖区水资源配置产生消极影响。

鄱阳湖枯水期水量近年呈现下降趋势（冯文娟等，2015；刘健等，2009；郭华等，2011；欧阳千林等，2014；黄峰等，2017）。王俊等（2017）指出造成鄱阳湖枯水变化的最主要原因是流域降水和五河来水的相应变化（刘成等，2015；徐卫明等，2013），其次是长江上中游来水变化（戴雪等，2014；方春明等，2012；胡振鹏等，2018）。三峡工程建成后，汛末蓄水将改变长江来水量，改变汛末长江的顶托作用，影响鄱阳湖的水文情势（汪迎春等，2011；黄峰等，2017；邴建平等，2020）。已有研究表明，三峡水库蓄水运用对水文、泥沙淤积、水环境和湿地生态等都将产生一定的影响（董增川等，2012；罗蔚，2014）。鉴于长江流域气候的异常变化，对鄱阳湖枯水水情的驱动因素，许多学者通过数学模型定量给出不同要素对鄱阳湖枯水水情的影响（李云良等，2013；刘志刚等，2015；刘小东等，2014；邓志民等，2015；李芳芳等，2019；齐凌艳等，2017）。邴建平等（2017）指出，三峡水库蓄水改变了原有的江湖水力关系，使得长江干流水位快速下降，水力坡降增大，湖口出流流量增加，加速鄱阳湖湖泊水位下降。三峡水库蓄水运用，将对鄱阳湖区防洪和水资源利用产生潜在的有利和不利影响（李雨等，2017；王鹏等，2014；许继军等，2013）。Zhang等（2012）采用GAMs（Generalized Additive Models）模型模拟证实了三峡水库蓄水运用造成平均5%的长江来水量损失，汛末蓄水期减缓了长江对鄱阳湖的顶托效应，进而加剧了鄱阳湖秋季的旱情。Liu等（2013）利用1973—2011年多时相卫星遥感数据提取鄱阳湖水面信息，结合鄱阳湖水量平衡分析，揭示了三峡水库蓄水运用引发的长江与鄱阳湖江湖关系变化是近年鄱阳湖汛末水位突变的主控因子之一。

总的来看，已有研究以三峡水库蓄水运用为时间节点，基于实测资料和模型模拟等多种研究手段，开展了自然演变、人类活动等多重因素影响下的江湖关系变化研究，尝试探索不同时期长系列、典型年情境下的江湖关系演变规律和变化趋势，并在此基础上探究江湖关系变化条件下长江干流与洞庭湖、鄱阳湖水文情势联动变化规律，进一步研究三峡水库蓄水运用后长江干流水文节律变化对两湖湖区水量或水资源量的影响程度。一般认为长江干流控制性水库运行后汛期有利于两湖汛期防洪，加速两湖消落期水量汇入长江干流，导致湖区消落期提前，枯季干流水位增加对两湖湖区影响不大。洞庭湖、鄱阳湖区水资源一般用于湖区垸垸的城乡供水和灌溉，三峡水库蓄水运用以来两湖湖区多次发生旱情，上述湖区水量、水资源量变化相关研究一定程度上给出了湖区干旱的原因，但未明确两湖水资源利用的主要限制性因素。本书将在充分分析两湖供需变化规律的基础上，从湖区需水的角度进一步分析湖区水量和水位两者在湖区旱情中的主次作用，量化并明确两湖水资源利用的主要限制性因素。

### 1.2.2 两湖灌溉及城乡供水安全研究进展

洞庭湖滨湖区垸垸内的农业灌溉主要靠洞庭湖湖区的水灌溉，有资料统计东洞庭湖、南洞庭湖滨湖区垸垸中直接从洞庭湖引水灌溉的农田近100万亩，受洞庭湖水位影响的灌溉面积219万亩，在枯水年份或枯水季节，内湖蓄水量减少，农业用水主要靠从洞庭湖引提水来满足，受洞庭湖区水位影响显著（李凯轩等，2020；姜恒等，2019）。近年来，长江—洞庭湖关系先后经历了调弦口堵口、下荆江自然与人工裁弯、葛洲坝截流及三峡水库蓄水运用等自然演变和人类活动的影响，江湖水力联系及湖泊水文情势发生了巨大变化，水位也受到了较大的影响（栾震宇等，2009；孟熊等，2014；孙占东等，2015；刘万千等，2016；周蕾等，2017）。在洞庭湖水位将继续下降的情况下，洞庭湖区面临着较为严重的供水安全问题（王旭等，2012；胡光伟，2014；黄秋萍等，2007）。仲志余和余启辉（2015）认为三峡水库运用50年后，荆江河段将继续冲刷，河道枯水位将持续下降，三口（藕池口、松滋口和太平口）分流减少，枯水期断流时间进一步延长，湖区枯水情势将更加恶化，这些变化导致大部分依靠从三河（对应三口分流的河流，藕池河、松滋河和虎渡河）引水的沿河灌溉涵闸在春灌期间不能正常引水，由于河道水位降低，导致现有提灌站扬程增大，机组不能正常使用，从而使供水保证率下降。姜恒等（2019）以20世纪90年代水沙系列预测的洞庭湖区水位变化为前提，预测了2022年和2032年在不同条件下，洞庭湖区水位降低对农业灌溉面积的影响，结果表明在正常来水年和特枯水年湖区水位降低均将较大范围影响到滨湖区自流灌溉面积，其中5月和9—10月自流灌溉受影响最大。

鄱阳湖区是长江中下游五大平原区之一，土地肥沃，农业生产水平较高，是我国重要商品粮基地和江西省的主要产粮区，主要盛产水稻、棉花、水产、水禽等农产品。在鄱阳湖区内，现有耕地面积70万 $hm^2$，有效灌溉面积46.5$hm^2$，农作物播种面积135万 $hm^2$，其中环湖区现有耕地面积约20万 $hm^2$，有效灌溉面积11.33万 $hm^2$，农作物播种面积41.8万 $hm^2$（黄华金等，2015）。近年来，随着长江干支流的水资源综合开发利用，控制性水库的建设，尤其三峡水库蓄水运用以来，鄱阳湖水文节律发生较大变化，具体表现为枯水时间提前、枯水期延续时间长、枯水期水位下降（刘小东和任兵芳，2014；胡莎莉，2017；周建军等，2019）。徐照明等（2014）的研究表明，受到三峡水库蓄水、天然降雨径流变化、江湖冲淤及流域用水量增加等因素的影响，鄱阳湖区枯水位降低、枯水期提前、枯水历时加长的情况将呈常态化趋势，且三峡及上游控制性水库运用后，蓄水期径流减少以及干流河道冲刷加大将进一步加剧鄱阳湖区的枯水情势。张双虎等（2013）认为五河入湖流量减少将使枯水期湖区用水困难，三峡水库蓄水期间鄱阳湖出湖流量增加加剧了枯水期湖区用水困难。枯水期水位变化将会导致城乡供水困难、灌溉水源不足等多方面问题（吴培军等，2019）。黄华金和刘小东（2015）分析了鄱阳湖低水位对环湖区农业灌溉的影响，结果表明环湖区取水口 2003—2012 年 9—10 月水位相比 1953—2002 年同期水位降低明显，导致鄱阳湖环湖区约 20 万公顷农田灌溉取水困难或无水可取，给湖区农业造成严重影响。丁惠君等（2014）认为三峡水库蓄水加剧了湖区缺水状况，进一步降低了农田灌溉和城镇供水保证率，并以星子县（即如今的庐山市）作为典型县分析了对农田灌溉取水的影响，结果表明三峡水库蓄水期间星子水文站 10 月水位基本达不到农田灌溉和城镇供水的取水高程，平均每年灌溉受影响的耕地面积约占环湖区鄱阳湖水源灌区总耕地面积的 45.5%（影响期主要为 10 月），其中部分耕地取不到水、部分耕地取水难度加大，按此成果可估算环湖区每年新增经济损失超过 1.5 亿元。总体而言，在自然环境和人类活动的共同影响下，洞庭湖、鄱阳湖的枯水情况会进一步加剧，导致湖区农业受到不同程度的影响。

### 1.2.3 两湖水资源利用调控研究进展

随着三峡水库及上游干支流控制性水库的逐步投运，由于蓄水拦沙，“清水”下泄，江湖关系已经并将继续发生变化，两湖水文情势进一步变化，对两湖地区水资源综合利用和水生态环境保护产生深刻影响。目前多数研究关注于江湖关系变化对两湖水资源的综合影响及作用机制（要威等，2015；余启辉等，2013；王丹等，2020；范少英等，2019；刘章君等，2018），而对于适应性应对策略研究不多，已有的相关研究多是对单一应对方案的作用和影响进行研究。仲志余等（2015）结合湖区经济社会发展和生态环境保护对水利的要求，研究了两湖水量优化调控总体思路，提出了优化调控两湖水量的工程措施，为两湖生态经济区和长江经济带建设提供支撑和保障。徐扬民（2005）通过建立鄱阳湖水资源配置模型，探讨了湖区水资源合理利用的措施和可行性。韦丽等（2015）基于实际案例研究了鄱阳湖赣抚尾闾河湖水系连通等手段对湖区水资源调控的影响。郭慧芳等（2012）应用改进的多目标粒子群算法求解鄱阳湖水资源配置模型，并给出湖区2030年水资源配置最佳方案。李志斌等（2009）通过分析洞庭湖四口水系水资源调控体系现状，提出对四口水系水资源综合调控体系构建方案的一些想法和建议。施亚栋等（2011）分析了洞庭湖四口水系需水量，提出增加水资源调蓄能力解决水资源短缺问题。王晓燕等（2021）分析洞庭湖供水存在问题，提出地表水置换地下水等措施缓解突发旱情。刘固华等（2012）建议建设洞庭湖湖控工程和水资源配置工程以提高东洞庭湖的抗旱能力。

总结针对两湖水资源利用调控的研究成果，可见目前已有研究存在受限于湖区圩垸现状资料、研究区域未覆盖整个湖盆区、提高水资源利用能力的调控方案相对单一等问题，对两湖湖区水资源调控研究的系统性、全面性和可量化性稍显不足。针对上述不足，本书将在梳理江湖水位联动变化对灌溉及供水影响基础上，充分考虑提高两湖水资源利用水平的多种调控手段，并量化评估各种调控方案的可行性，提出满足两湖湖区灌溉供水需求的水资源综合调控方案。

## 1.3 研究内容与技术路线

### 1.3.1 研究内容

本书针对长江干流水位变动条件下通江湖泊水资源利用存在的关键科学问题，基于大量实测资料分析和数学模型构建，对长江与洞庭湖、鄱阳湖水沙关系变化特征与机理，江湖关系变化下两湖水资源利用情势响应及成因和江湖关系变化下两湖水资源综合利用与调控模式进行了研究。各章主要内容如下。

第1章：绪论。阐述通江湖泊水资源利用对长江干流水位变动响应机理与调控模式的研究背景和意义，综述两湖水资源变化规律、灌溉及城乡供水安全分析、水资源综合利用与调控的研究进展，提出本书研究内容、总体思路与框架。

第 2 章：长江与洞庭湖、鄱阳湖水沙关系变化特征与机理分析。利用最新的水沙实测资料，采用数理统计方法，分析上游控制性水库运行后，长江干流水位变动对洞庭湖、鄱阳湖等典型通江湖泊年内分蓄过程的影响，厘清干流水位变动条件下两湖湖区水资源量变化规律和响应机理，尝试分析湖区水资源量变化的主要影响因素。

第 3 章：江湖关系变化下两湖水资源利用情势响应及成因分析。在梳理分析三峡水库蓄水运用后两湖湖区灌溉供水等用水需求时空变化规律的基础上，尝试量化分析三峡水库蓄水运用后多因素影响下两湖水资源供需变化的关键胁迫因子，从湖区需水的角度进一步分析湖区水量和水位两者在湖区旱情中的主次作用，构建两湖湖区灌溉及城乡供水安全指标，剖析不同江湖关系变化情景下两湖湖区灌溉及城乡供水安全形势，为针对性提出满足两湖湖区供水灌溉用水需求综合调控方案提供支撑。

第 4 章：江湖关系变化下两湖水资源综合利用与调控模式研究。基于两湖水资源利用安全问题和水资源利用安全目标，探讨不同水资源调控措施的可行性，提出干支流水库群优化调控等非工程措施与湖区圩垸多源互济统筹调配、提引水设施更新改造、两湖湖控等工程措施相结合的两湖水资源利用综合调控建议。

第 5 章：结论与展望。

### 1.3.2 技术路线

本书基于江湖关系—水文情势变化趋势研究成果，重点围绕两湖供水、灌溉等水资源利用方面，按照“水文情势变化—水资源利用安全影响—水资源利用综合调控”逻辑链条，深化江湖关系演变对两湖水资源影响的作用机制的认识，进一步辨识两湖水资源利用存在的问题及其原因机理，构建两湖水资源利用安全指标体系，剖析不同江湖关系变化情景下两湖水资源利用安全形势，提出适应性综合调控建议。

技术路线见图 1.3－1。

如无特殊说明，本书中高程系统均为冻结吴淞高程系统。

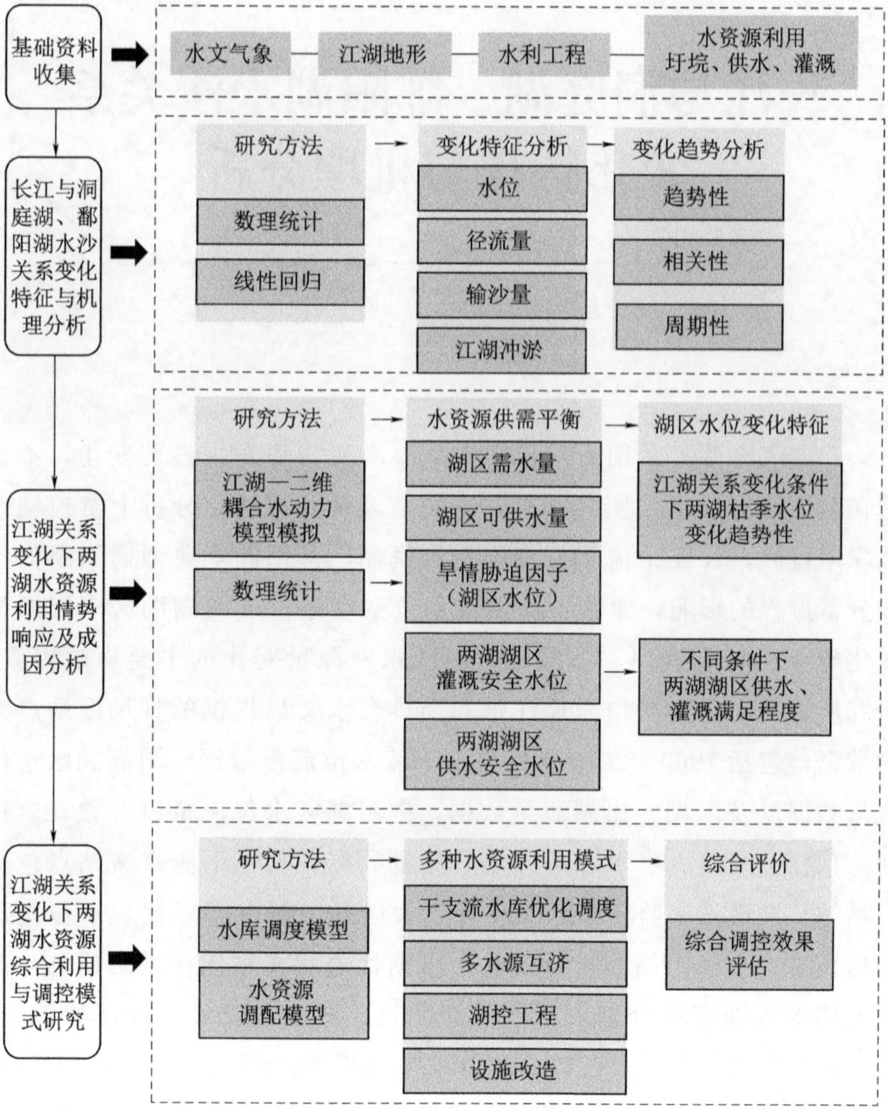


图 1.3－1 技术路线图

# 2 长江与洞庭湖、鄱阳湖水沙关系变化特征与机理分析

三峡水库蓄水运用后，长江中下游水文情势发生显著变化，本章旨在利用最新的水沙实测资料，采用数理统计方法，分析上游控制性水库运行后，长江干流水位变动对洞庭湖、鄱阳湖等典型通江湖泊年内分蓄过程的影响，厘清长江干流水位变动条件下两湖湖区水资源量变化规律和响应机理，尝试分析湖区水资源量变化的主要影响因素。研究所采用水文数据均为长江水利委员会水文局提供的日尺度站点实测数据，包括 1960—2019 年的长江干流水位流量数据，洞庭湖区水位流量数据以及入湖、出湖流量数据，鄱阳湖区水位流量以及赣江、抚河、信江、饶河、修水五条河流的流量数据。长江干流水文站点包括宜昌站、沙市站、监利站、汉口站、大通站。洞庭湖区代表水位站选择鹿角站、小河咀站和杨柳潭站，出湖代表水文站选择城陵矶站；洞庭湖四水入湖流量分别采用湘江湘阴站、资水桃江站、沅江桃源站、澧水石门站流量数据，三口分流分别采用松滋河新江口站和沙道观站、虎渡河弥陀寺站、藕池河康家港站和管家铺站流量数据。鄱阳湖区代表水文站选择鄱阳站、都昌站、康山站、星子站，出湖水文站选择湖口站；鄱阳湖入湖流量采用赣江的外洲站、抚河的李家渡站、信江的梅港站、饶河的虎山站和渡峰坑站、修水的虬津站和万家埠站的流量

合成数据。

## 2.1 长江中下游干流水沙变化特征

### 2.1.1 长江中下游径流变化

**1. 径流组成变化**

长江中下游具有世所罕见的河网结构，我国最大的两个淡水湖泊洞庭湖和鄱阳湖分别于城陵矶和湖口汇入长江干流，洞庭湖还通过荆江三口河道与长江中游干流相连接。以大通站为长江中下游入海水沙观测控制站，其径流组成占比变化情况见图 2.1-1。1990 年前，长江中下游入海的径流有近 50%是来自于宜昌以上干支流（图 2.1-1 中用宜昌站代表），洞庭湖水系的湖南省湘江、资水、沅江、澧水（简称湖南四水）和鄱阳湖水系的江西省赣江、抚河、信江、饶河、修水（简称江西五河）的径流总量占比约 30%，其他支流清江、倒水、举水、巴河、浠水及区间入汇的径流总量占比约 15%，汉江占比约 5%。此后至 2003—2019 年，长江上游干支流和汉江来水量占比略有减小，湖南

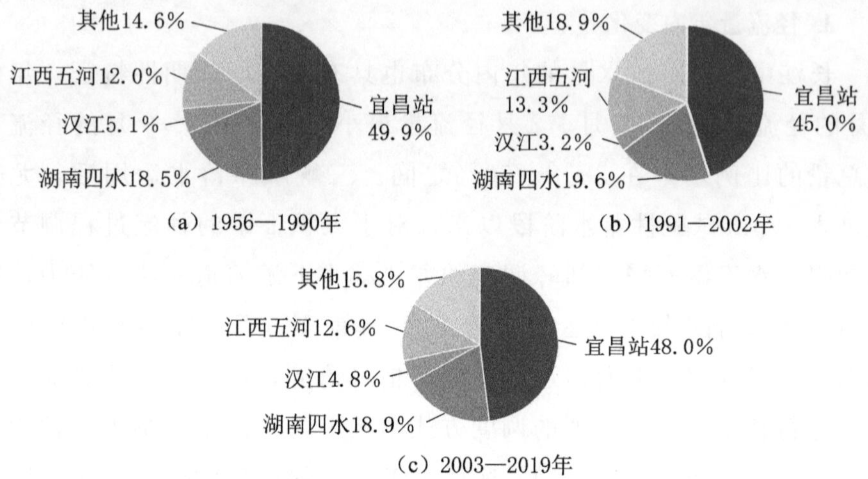


图 2.1-1 长江大通站径流组成占比变化情况

四水和江西五河的占比变化不大，其他支流及区间入汇径流量占比略有增加。总体上来看，与长江上游类似，60 多年来，长江中下游入海的径流组成变化较小，仍以长江上游干支流来流为主。

**2. 径流量年际变化**

三峡水库蓄水运用前，三峡水库下游宜昌站、汉口站、大通站多年平均年径流量分别为 4369 亿 $m^3$、7111 亿 $m^3$、9052 亿 $m^3$。三峡水库蓄水运用后，2003—2019 年长江中下游各站除监利站水量较蓄水前偏丰 4%外，其他各站水量偏枯 4%～6%（见图 2.1-2）。从宜昌站至大通站，多年平均年径流量绝对偏少量沿程总体表现为增大的特征，宜昌站多年平均年径流量偏少 277 亿 $m^3$，至大通站相应偏少增至 455 亿 $m^3$，其中宜昌站以上干支流偏少量占比达到 60.9%。

综上所述，三峡水库蓄水运用后，长江中下游入海径流量相比蓄水前呈减少趋势，根据宜昌站至大通站的径流组成和径流量变化特征可见，长江上游来流（宜昌）、中下游支流来水的整体偏枯共同造成入海径流量减少，其中长江上游来流变化是主要原因。长江中下游干流水文情势变化，特别是径流量年际呈减小趋势，会对两湖水资源量变化产生影响。

**3. 径流量年内变化**

长江中下游干流水量的年内分布也具有明显的周期性特征。年内 7 月的径流量最大，1 月、2 月径流量最小，主汛期 7—9 月的径流量占总量的比例基本在 38%～50%之间。三峡水库蓄水运用后，尤其是进入 175m 试验性蓄水阶段以来，对于大坝下游的径流过程调节作用增强，水库汛期采用削峰调度的方式减小下游河道的防洪压力，同时汛后蓄水时间由初期运行期的 10 月提前至 9 月，汛后至汛前的枯水期，为了缓解中下游河道及两湖的枯水情势，水库加大泄量对下游河道进行补水。这一系列的调度方式影响下，长江中下游干流控制站 10 月径流量减小明显，而 12 月至次年 4 月的径流以增大为主，同时各月径流量占年径流总量的比例发生调整，7—11 月径流量占比下降，

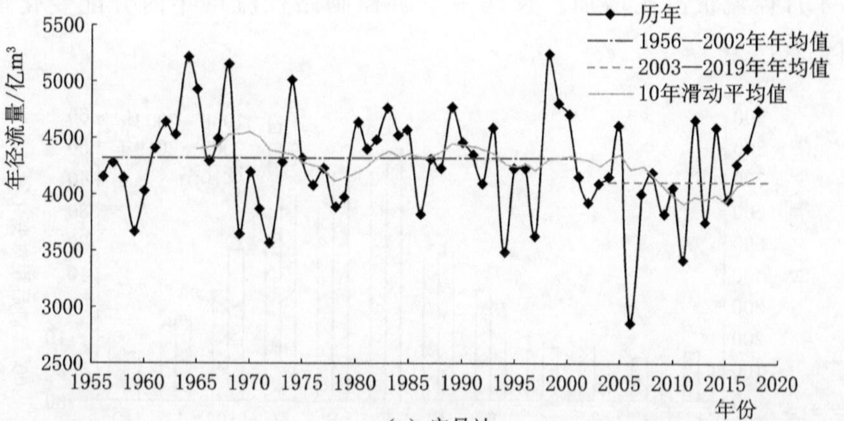


（a）宜昌站

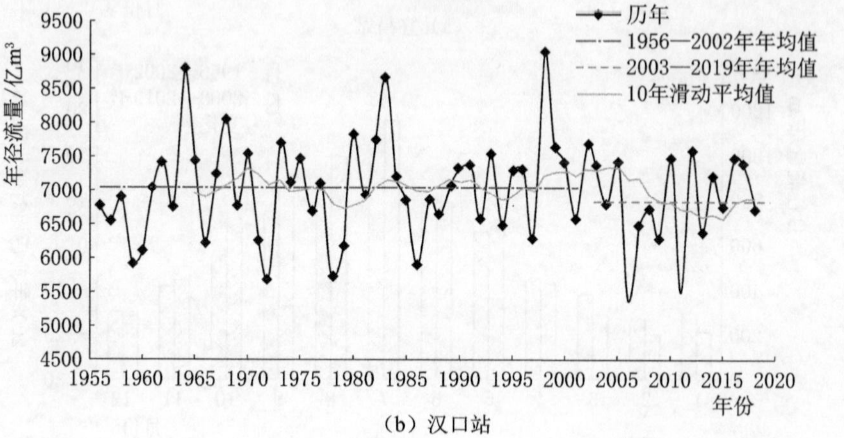


（b）汉口站

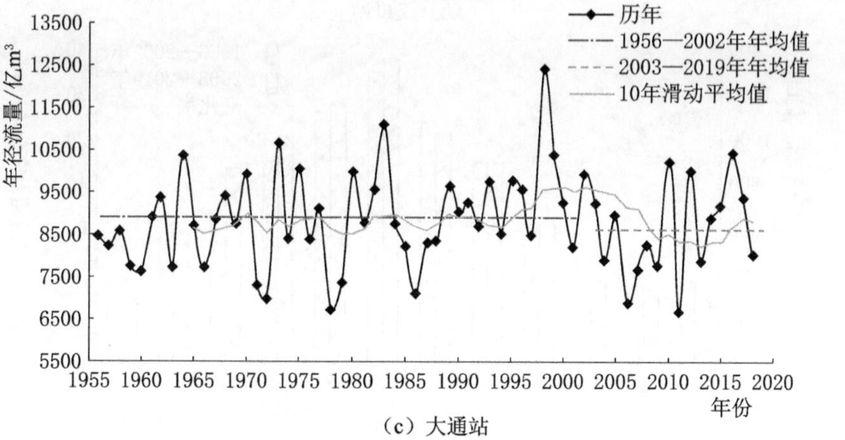


（c）大通站

图 2.1-2　长江中下游控制站径流量历年变化情况

1—4月径流量占比增加。长江中下游控制站径流量年内分配变化情况见图2.1-3。

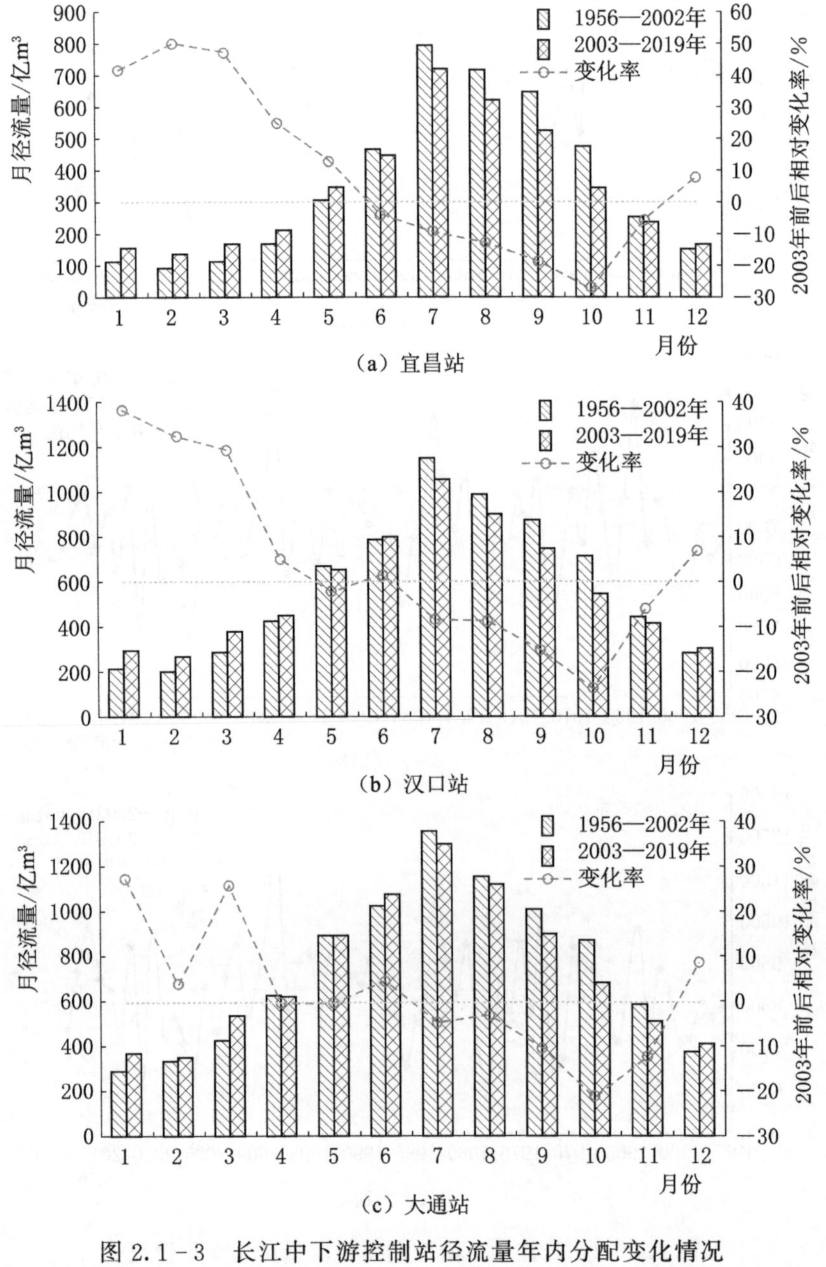


图2.1-3　长江中下游控制站径流量年内分配变化情况

**4. 小结**

综上所述，基于1956—2019年长系列水文数据分析，三峡水库蓄水运用后长江中下游宜昌站至大通站年内径流过程均显著受到控制性水库调洪补枯作用影响。相比蓄水前，汛期径流量减小主要与宜昌以上来流减小有关，蓄水期水库拦蓄导致径流量显著下降，枯水期水库补水径流量增大。本书从以下两方面进一步分析长江干流年内径流过程的变化对江湖关系的影响：

（1）对于洞庭湖来说，汛期大洪水调平削峰影响荆江三口分流过程，蓄水期导致三口断流提前，且城陵矶水位下降导致洞庭湖提前进入消落期，因此长江干流年内径流变化影响洞庭湖分蓄过程会导致湖区水资源量出现规律性变化。

（2）对于鄱阳湖来说，主要体现在长江干流水位变动对湖区水位的顶托，湖区自都昌至湖口，水位变化都与长江干流水位密切相关，且相关性自南而北逐渐增强，至湖口站基本同干流水位同步变化，因此主要分析干流水位年内变化对湖区水资源量的影响。

### 2.1.2 长江中下游输沙变化

**1. 输沙地区组成变化**

长江中下游干流及两湖湖区的泥沙主要来源于长江上游干支流（图2.1-4中用宜昌站代表）、湖南四水、汉江水系及江西五河。总体来看，三峡水库蓄水运用前，进入长江中游江湖系统的泥沙近九成来源于长江上游干支流，来源变化不大；三峡水库蓄水运用后，受长江上游梯级水库群拦沙影响，宜昌站占江湖系统总输入沙量的比例下降至63.5%，两湖水系（图2.1-4中的湖南四水和江西五河）来沙占26.3%，汉江来沙占10.2%。长江大通站输沙量组成占比变化见图2.1-4。

**2. 输沙量年际变化**

三峡水库蓄水运用前，长江干流宜昌站多年平均年输沙量为49200

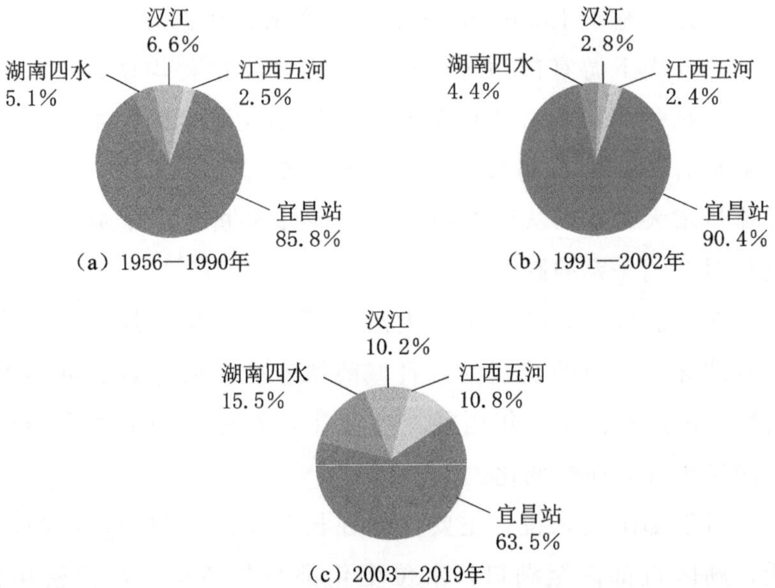


图 2.1-4 长江大通站输沙量组成占比变化图

万 t，经支流及湖泊的分汇流效应，以及干流河道、湖泊沉积效应后，输沙量沿程逐渐减少，至大通站，多年平均年输沙量减小至 42700 万 t；三峡水库蓄水运用后，宜昌站多年平均年输沙量下降至 3420 万 t，输入沙量大幅减少的条件下，长江干流河道河床对水流中的泥沙进行补给，同时在支流和湖泊汇流作用下，至大通站多年平均年输沙量增加至 13200 万 t。类似的变化在两湖水系也较为明显，荆江三口和湖南四水输入洞庭湖、江西五河输入鄱阳湖的泥沙都处于不断减少的状态。纵观长江中下游 60 余年的输沙变化，输沙量持续减少是最主要的特征，而人类活动是造成输沙减少最主要的原因。

长江中下游控制站输沙量历年变化见图 2.1-5。三峡水库蓄水运用前，自宜昌站至大通站，沿程输沙量均值呈递减的趋势，泥沙在湖泊和河床上以沉积作用为主；三峡水库蓄水运用后，这种输移规律显著改变，宜昌站至大通站输沙量沿程增加，增加的泥沙主要来自河床

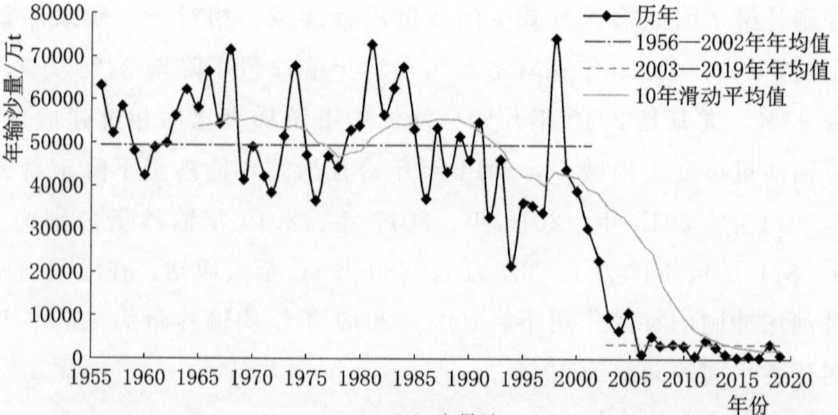


（a）宜昌站

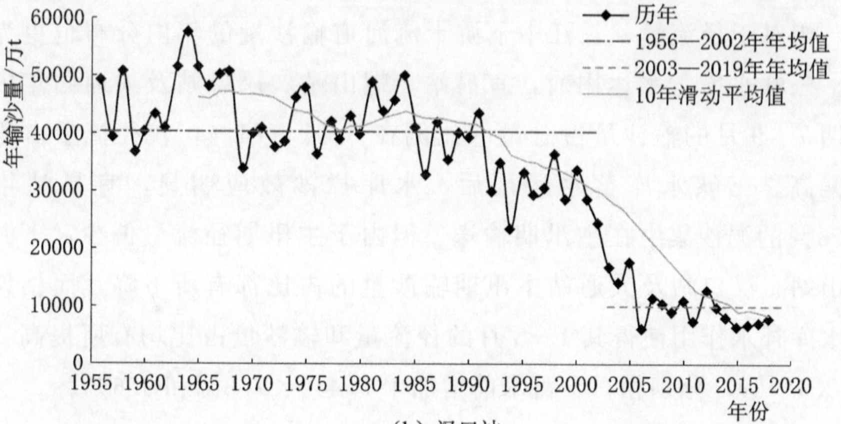


（b）汉口站

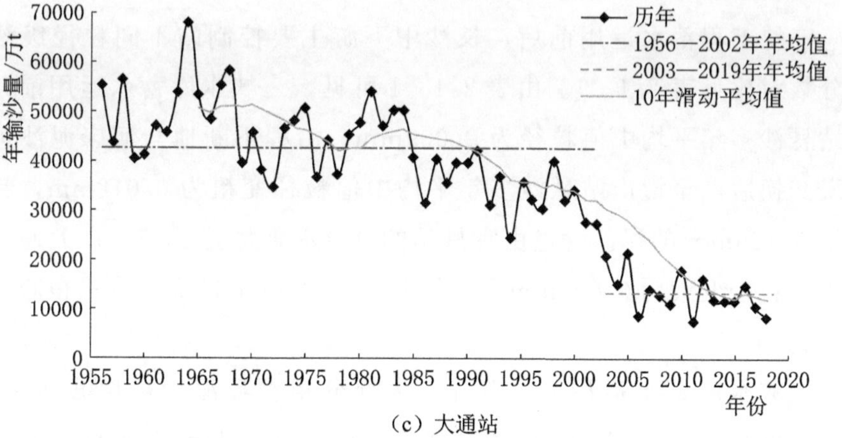


（c）大通站

图 2.1-5 长江中下游控制站输沙量历年变化图

的冲刷补给，因此输沙量减少的幅度沿程递减。相对于三峡水库蓄水运用前，2003—2019 年宜昌站多年平均年输沙量下降至 3420 万 t，减幅为 93%。尤其是 2010 年开始金沙江中下游梯级水库相继建成运行，干流输沙量再度大幅减少，2014 年开始宜昌站年输沙量下降至百万吨级，2014 年、2015 年、2016 年、2017 年、2019 年输沙量分别为 940 万 t、371 万 t、847 万 t、337 万 t、880 万 t；至大通站，在沿程河湖汇流及河床冲刷的补给作用下，2003—2019 年年均输沙量为 13200 万 t，相对于蓄水前的减幅约 69%。

**3. 输沙量年内变化**

相对于径流量，长江中下游干流河道输沙量的年内分布也更为集中。三峡水库蓄水运用前，宜昌站、螺山站、汉口站及大通站年内主汛期 7—9 月的输沙量占总量的比例在 59%～74%，较径流量占比明显偏高。三峡水库蓄水运用后，水库拦沙效应明显，宜昌站年内 92.3%的泥沙集中在主汛期输送，但由于主汛期径流量偏少，下游的螺山站、汉口站及大通站主汛期输沙量的占比都有所下降，而枯期三峡水库补水作用使得其 1—5 月的径流量和输沙量占比均有所提高（见图 2.1-6），分别相对于蓄水前增加了 9.4%、7.8%和 9.6%。

**4. 悬移质泥沙颗粒组成变化**

三峡工程蓄水运用前后，长沙中下游主要控制站不同粒径级沙重百分数对比见表 2.1-1。由表 2.1-1 可见，三峡水库蓄水运用前，宜昌站悬沙多年平均中值粒径为 0.009mm，沿程不断地与河床泥沙进行冲淤交换后，至螺山站悬沙多年平均中值粒径变粗为 0.012mm，粒径大于 0.125mm 的泥沙含量由宜昌站的 9.0%增大至 13.5%；大通站悬沙中值粒径变细为 0.009mm，粒径大于 0.125mm 的泥沙含量也减少至 7.8%。

三峡水库蓄水运用后，首先，大部分粗颗粒泥沙被拦截在库内，2003—2018 年宜昌站悬沙中值粒径为 0.006mm，与蓄水前的 0.009mm 相比，三峡水库出库泥沙粒径（$d$）明显偏细，$d \leqslant 0.031$mm 细颗粒泥

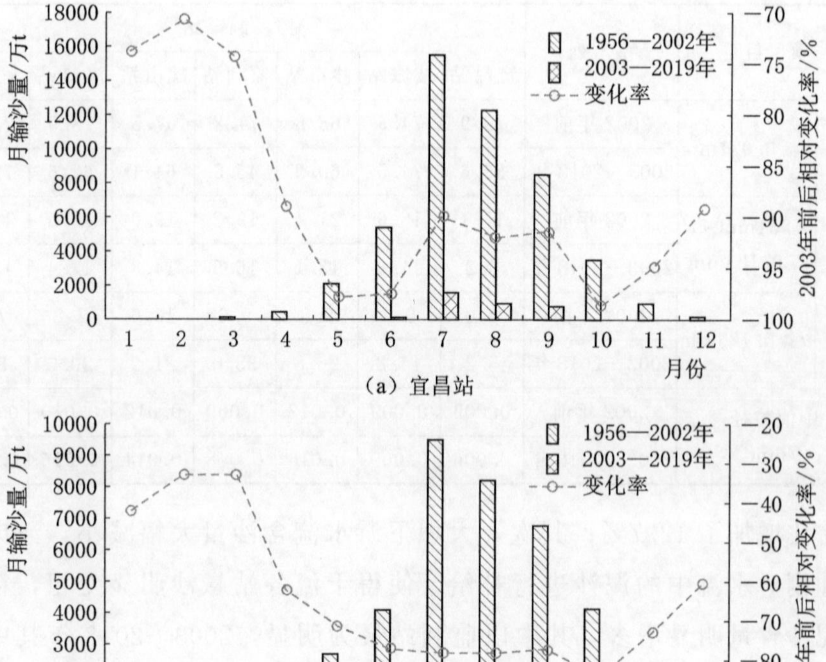


图 2.1-6 长江中下游控制站输沙量年内分配变化图

**表 2.1-1 长江中下游主要控制站不同粒径级沙重百分数对比**

| 项目 | | 系列 | 控制站 | | | | | | |
|---|---|---|---|---|---|---|---|---|---|
| | | | 宜昌站 | 枝城站 | 沙市站 | 监利站 | 螺山站 | 汉口站 | 大通站 |
| 沙重百分数/% | $d \leqslant 0.031$mm | 2002 年前 | 73.9 | 74.5 | 68.8 | 71.2 | 67.5 | 73.9 | 73.0 |
| | | 2003—2018 年 | 86.6 | 74.5 | 60.2 | 45.5 | 64.1 | 62.6 | 72.6 |
| | $0.031\text{mm} < d \leqslant 0.125$mm | 2002 年前 | 17.1 | 18.6 | 21.4 | 19.2 | 19.0 | 18.3 | 19.3 |
| | | 2003—2018 年 | 8.2 | 11.3 | 13.1 | 16.5 | 14.8 | 17.4 | 18.7 |
| | $d > 0.125$mm | 2002 年前 | 9.0 | 6.9 | 9.8 | 9.6 | 13.5 | 7.8 | 7.8 |
| | | 2003—2018 年 | 5.2 | 14.2 | 26.8 | 38.0 | 21.2 | 20.0 | 8.8 |
| 中值粒径/mm | | 2002 年前 | 0.009 | 0.009 | 0.012 | 0.009 | 0.012 | 0.010 | 0.009 |
| | | 2003—2018 年 | 0.006 | 0.009 | 0.016 | 0.048 | 0.014 | 0.015 | 0.011 |

沙占比增加了 12.7%；其次，大坝下游水流含沙量大幅减小，河床沿程冲刷对水流中的泥沙进行补给，使得干流各站悬沙明显变粗，粗颗粒泥沙含量明显增多，其中以监利站最为明显，2003—2018 年其中值粒径由蓄水前的 0.009mm 变粗为 0.048mm，粒径大于 0.125mm 的沙重比例也由 9.6%增多至 38.0%；再次，虽然近年来由于长江上游来沙的大幅减小加之三峡水库的拦沙作用，使得宜昌以下各站输沙量大幅减小，但在河床沿程冲刷补给作用下，除大通站外，各站粒径大于 0.125mm 的粗颗粒泥沙输沙量减小幅度明显小于全沙，尤其是监利站，其粗颗粒泥沙输移量基本恢复至水库蓄水前的 77%。

## 2.2 洞庭湖、鄱阳湖水沙变化特征分析

### 2.2.1 洞庭湖水沙变化

洞庭湖水沙来自荆江三口和湖南四水。洞庭湖入、出湖水沙年均值变化见图 2.2-1。由图可见，1956—2018 年，荆江三口年均输入洞庭湖的径流量和输沙量均呈持续性减少趋势。湘江、资水、沅江、澧

水输入洞庭湖的年径流量年际间无明显变化趋势，年输沙量持续性减少，2003—2018 年四水年均输入洞庭湖的沙量减少至 814 万 t，相较于 1956—2018 年多年平均值偏少 64.8%，相较于三峡水库蓄水运用前的 1996—2002 年平均值偏少 48.5%。荆江三口 1956—2018 年多年平均入湖沙量占总入湖沙量的 80.3%，四水来沙量仅占 19.7%，因此，三口分沙是洞庭湖泥沙主要来源。三峡水库蓄水运用后，三口入湖的泥沙量大幅减少，占入湖总沙量的比例下降至 50%左右。

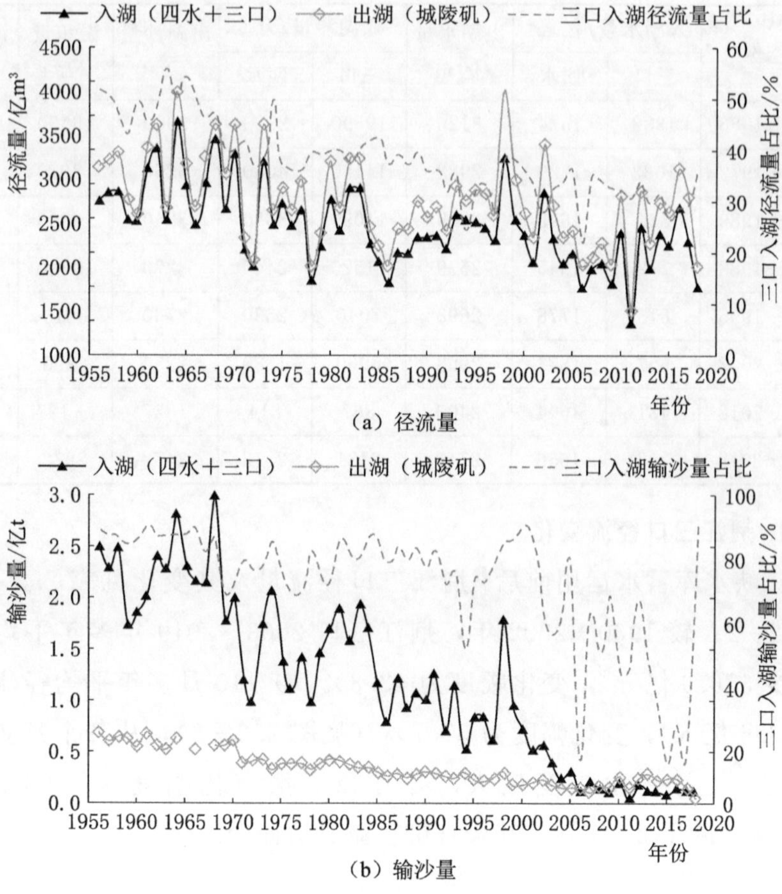


图 2.2-1　洞庭湖入、出湖水沙年均值变化图

洞庭湖出湖的水量呈不显著的减少趋势，输沙量在 2008 年之前呈显著的减少趋势，2008—2018 年出湖沙量增大，年均值达到 2030 万 t，

相较于1996—2002年年均值仅偏小约9.8%。受入湖沙量大幅减少、出湖沙量变化相对较小的综合影响，三峡水库蓄水运用后，尤其是2008年以来，洞庭湖都呈现出湖沙量大于入湖沙量的特征，湖泊进入冲淤相对平衡的状态。甚至受到东洞庭湖区采砂活动扰动的影响，湖区出现向干流补给泥沙的现象，与三峡水库蓄水运用前洞庭湖始终保持70%以上的泥沙沉积率形成鲜明的对比，见表2.2-1。

**表2.2-1　　洞庭湖入、出湖水沙量统计表**

| 年　份 | 入湖水量/亿 $m^3$ | | 出湖水量/亿 $m^3$ | 入湖沙量/万 t | | 出湖沙量/万 t | 淤积量/万 t | 沉积率/% |
|---|---|---|---|---|---|---|---|---|
| | 三口 | 四水 | | 三口 | 四水 | | | |
| 1956—1966 | 1332 | 1524 | 3126 | 19590 | 2920 | 5960 | 16550 | 73.5 |
| 1967—1972 | 1022 | 1729 | 2982 | 14190 | 4080 | 5250 | 13020 | 71.3 |
| 1973—1980 | 834 | 1699 | 2789 | 11090 | 3650 | 3840 | 10900 | 73.9 |
| 1981—1988 | 772 | 1545 | 2579 | 11570 | 2440 | 3270 | 10740 | 76.7 |
| 1989—1995 | 615 | 1778 | 2698 | 7040 | 2330 | 2760 | 6610 | 70.5 |
| 1996—2002 | 657 | 1874 | 2958 | 6960 | 1580 | 2250 | 6290 | 73.7 |
| 2003—2018 | 481 | 1604 | 2400 | 867 | 814 | 1857 | －177 | －10.5 |
| 1956—2018 | 798 | 1656 | 2749 | 9431 | 2312 | 3472 | 8272 | 70.4 |

**1. 荆江三口径流变化**

三峡水库蓄水运用前后[1]荆江三口径流量及其变化见表2.2-2和图2.2-2。较1960—2002年，荆江三口2003—2019年多年平均径流量偏少376.9亿 $m^3$，变化幅度为43.8%，9—10月多年平均径流量偏少153.6亿 $m^3$，变化幅度为57.7%（见图2.2-3），从各个月变化幅度来看，2月变化幅度最大，各月径流量变化幅度在－68.9%～229.9%。除了2—3月，其余月份径流量均偏少。

[1] 三峡水库蓄水运用前指1960—2002年时段，三峡水库蓄水运用后指2003—2019年时段，下同。

表 2.2-2　　三峡水库蓄水运用前后荆江三口径流量及其变化表

| 项　目 | 1月 | 2月 | 3月 | 4月 | 5月 | 6月 | 7月 | 8月 | 9月 | 10月 | 11月 | 12月 | 9—10月 | 年 |
|---|---|---|---|---|---|---|---|---|---|---|---|---|---|---|
| 1960—2002年径流量均值/亿 $m^3$ | 1.1 | 0.5 | 1.7 | 10.0 | 43.2 | 96.8 | 220.6 | 186.2 | 167.0 | 99.1 | 28.6 | 5.6 | 266.0 | 860.2 |
| 年内径流量占比/% | 0.1 | 0.1 | 0.2 | 1.2 | 5.0 | 11.3 | 25.6 | 21.6 | 19.4 | 11.5 | 3.3 | 0.6 | 30.9 | 100 |
| 2003—2019年径流量均值/亿 $m^3$ | 2.1 | 1.7 | 2.6 | 7.6 | 30.0 | 60.7 | 140.7 | 111.1 | 81.7 | 30.8 | 11.9 | 2.5 | 112.5 | 483.3 |
| 年内径流量占比/% | 0.4 | 0.3 | 0.5 | 1.6 | 6.2 | 12.5 | 29.1 | 23.0 | 16.9 | 6.4 | 2.5 | 0.5 | 23.3 | 100 |
| 径流量变化值①/亿 $m^3$ | 1.0 | 1.2 | 0.8 | −2.3 | −13.1 | −36.1 | −79.9 | −75.2 | −85.3 | −68.3 | −16.7 | −3.0 | −153.6 | −376.9 |
| 变化百分比/% | 89.8 | 229.9 | 47.9 | −23.5 | −30.4 | −37.3 | −36.2 | −40.4 | −51.1 | −68.9 | −58.3 | −54.7 | −57.7 | −43.8 |

① 径流量变化值为2003—2019年径流量均值与1960—2002年径流量均值的差，下同。

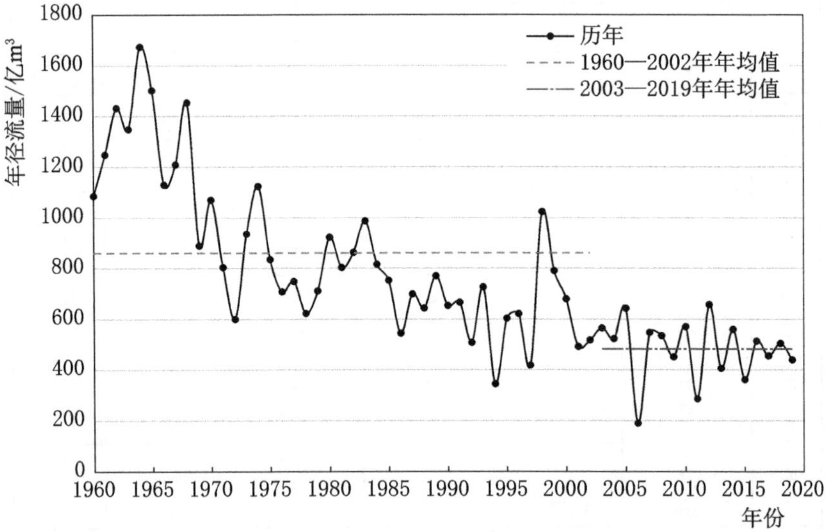


图 2.2-2 荆江三口年径流量变化图

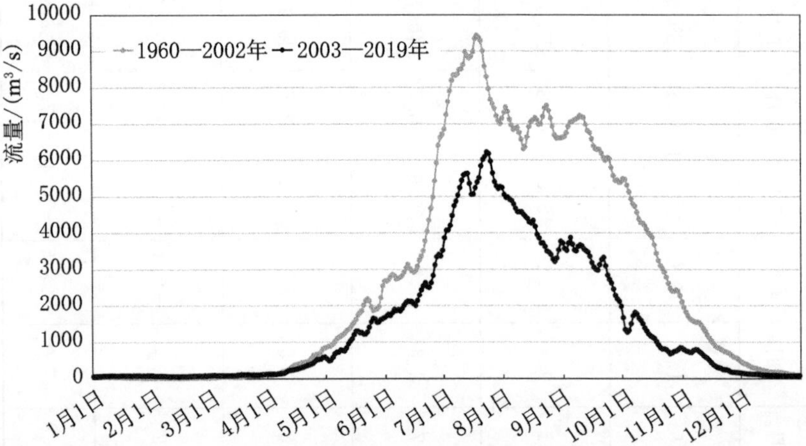


图 2.2-3 三峡水库蓄水运用前后荆江三口
多年平均日流量对比图

**2. 洞庭四水径流变化**

三峡水库蓄水运用前后洞庭四水径流量及其变化见表 2.2-3、图 2.2-4 和图 2.2-5。较 1960—2002 年，洞庭四水 2003—2019 年多年平均年径流量偏少 69.0 亿 $m^3$，变化幅度为 4.1%，9—10 月多年平均

**表 2.2-3　三峡水库蓄水运用前后洞庭四水径流量及其变化表**

| 项　目 | 1月 | 2月 | 3月 | 4月 | 5月 | 6月 | 7月 | 8月 | 9月 | 10月 | 11月 | 12月 | 9—10月 | 年 |
|---|---|---|---|---|---|---|---|---|---|---|---|---|---|---|
| 1960—2002年径流量均值/亿 $m^3$ | 56.9 | 72.8 | 125.2 | 208.6 | 269.9 | 277.5 | 217.8 | 141.0 | 94.8 | 84.3 | 79.1 | 56.5 | 179.1 | 1684.4 |
| 年内径流量占比/% | 3.4 | 4.3 | 7.4 | 12.4 | 16.0 | 16.5 | 12.9 | 8.4 | 5.6 | 5.0 | 4.7 | 3.4 | 10.6 | 100 |
| 2003—2019年径流量均值/亿 $m^3$ | 78.3 | 77.2 | 137.0 | 168.3 | 252.3 | 280.6 | 219.8 | 110.7 | 85.0 | 61.6 | 80.3 | 64.2 | 146.6 | 1615.5 |
| 年内径流量占比/% | 4.8 | 4.8 | 8.5 | 10.4 | 15.6 | 17.4 | 13.6 | 6.9 | 5.3 | 3.8 | 5.0 | 4.0 | 9.1 | 100 |
| 径流量变化值/亿 $m^3$ | 21.3 | 4.5 | 11.8 | −40.3 | −17.6 | 3.1 | 2.0 | −30.3 | −9.9 | −22.7 | 1.2 | 7.8 | −32.5 | −69.0 |
| 变化百分比/% | 37.5 | 6.1 | 9.4 | −19.3 | −6.5 | 1.1 | 0.9 | −21.5 | −10.4 | −26.9 | 1.6 | 13.8 | −18.2 | −4.1 |

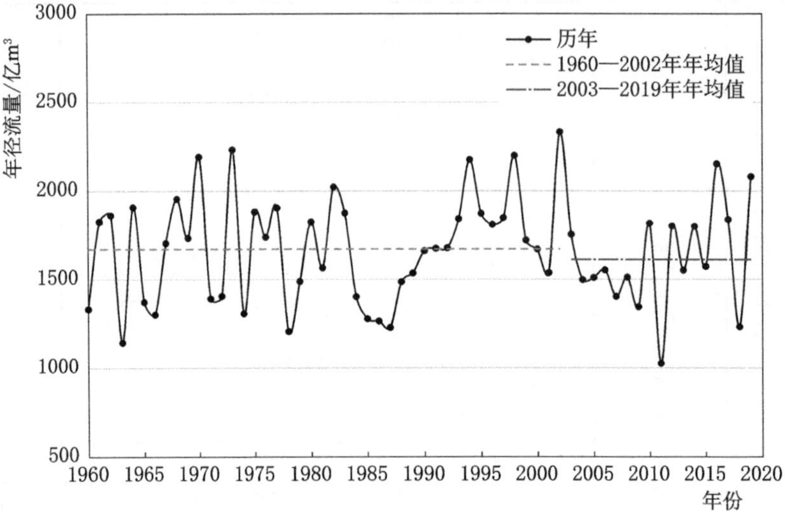


图 2.2-4　洞庭四水年径流量变化图

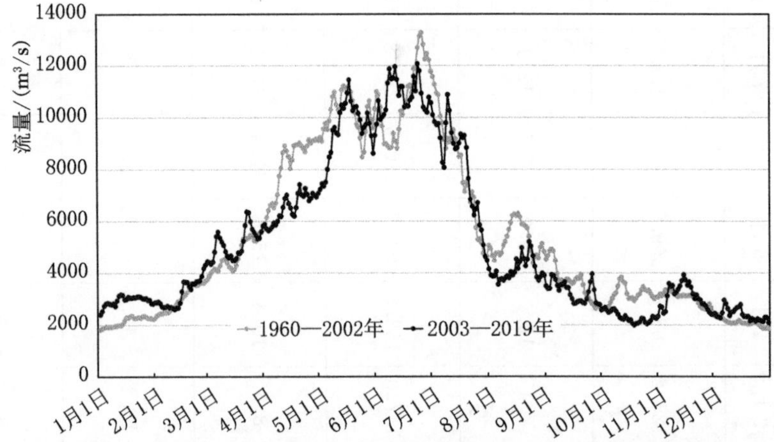


图 2.2-5　三峡水库蓄水运用前后洞庭四水多年平均日流量对比图

径流量偏少 18.2 亿 m³，变化幅度为 18.2%，从各个月变化幅度来看，1 月变化幅度最大，各月径流量变化幅度为−26.9%～37.5%。11 月至次年 3 月径流量有所增加。

**3. 洞庭入湖径流变化（三口十四水）**

三峡水库蓄水运用前后洞庭湖入湖径流量及其变化见表 2.2-4、图 2.2-6 和图 2.2-7。较 1960—2002 年，洞庭湖入湖径流 2003—

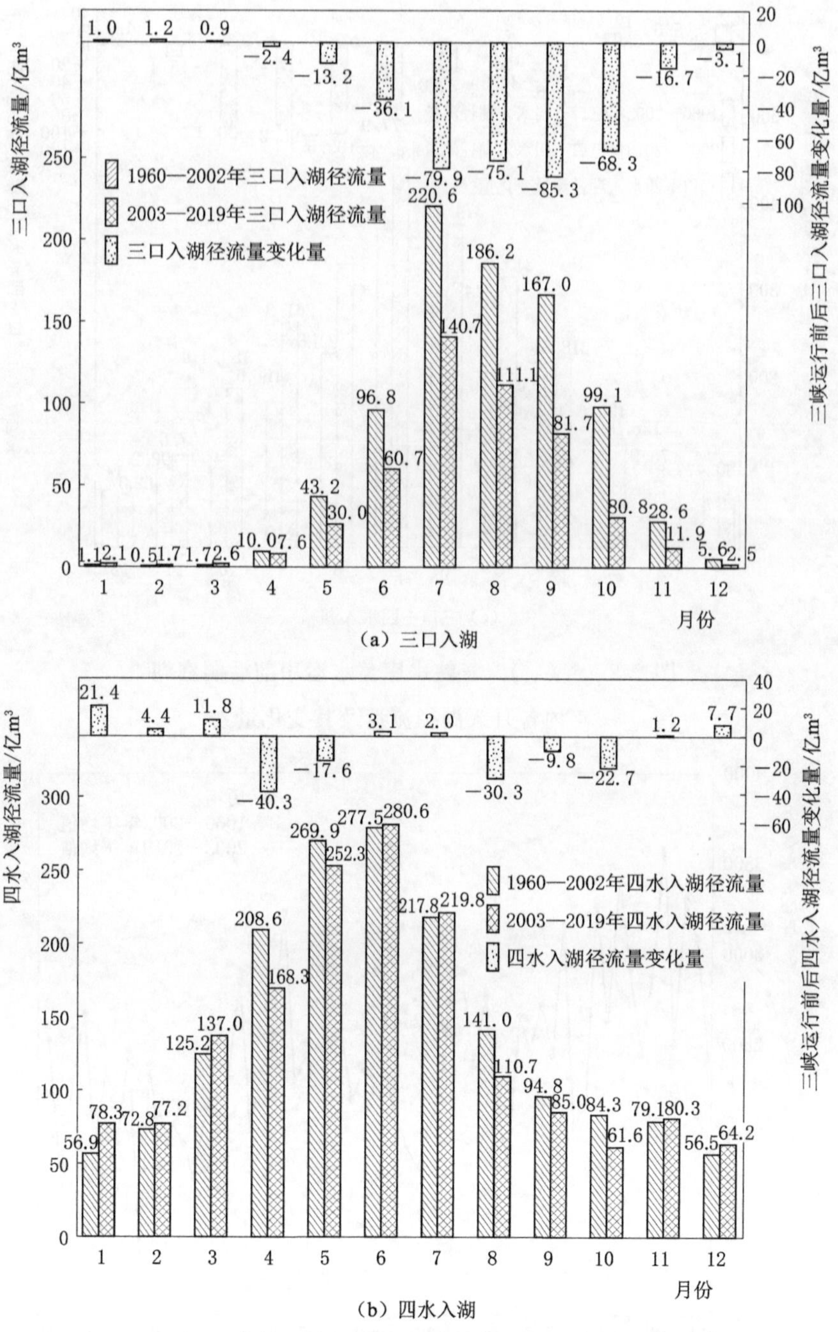


图 2.2-6（一） 三峡水库蓄水运用前后洞庭湖年内各月入湖径流量及其变化量

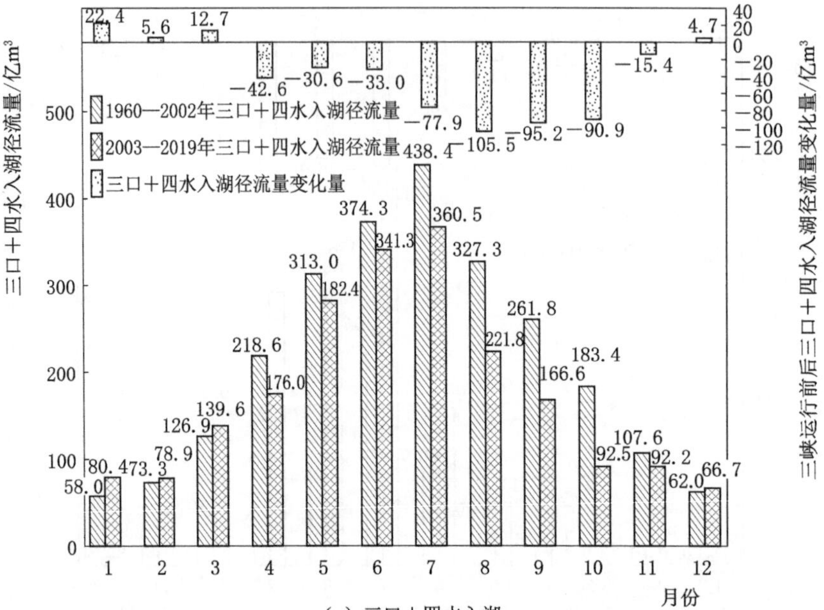


（c）三口+四水入湖

图 2.2-6（二） 三峡水库蓄水运用前后洞庭湖年内各月入湖径流量及其变化量

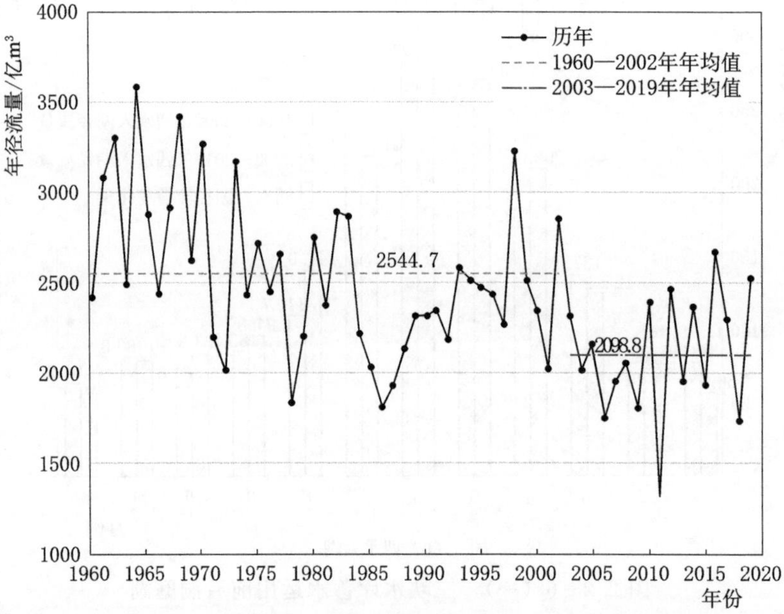


图 2.2-7 三峡水库蓄水运用前后洞庭湖入湖年径流量变化图

表 2.2-4　　三峡水库蓄水运用前后洞庭湖入湖径流量及其变化表

| 项　目 | 1月 | 2月 | 3月 | 4月 | 5月 | 6月 | 7月 | 8月 | 9月 | 10月 | 11月 | 12月 | 9—10月 | 年 |
|---|---|---|---|---|---|---|---|---|---|---|---|---|---|---|
| 1960—2002年径流量均值/亿 $m^3$ | 58.0 | 73.3 | 126.9 | 218.6 | 313.0 | 374.3 | 438.4 | 327.3 | 261.8 | 183.4 | 107.6 | 62.0 | 445.2 | 2544.7 |
| 年内径流量占比/% | 2.3 | 2.9 | 5.0 | 8.6 | 12.3 | 14.7 | 17.2 | 12.9 | 10.3 | 7.2 | 4.2 | 2.4 | 17.5 | 100 |
| 2003—2019年径流量均值/亿 $m^3$ | 80.4 | 78.9 | 139.6 | 176.0 | 282.4 | 341.3 | 360.5 | 221.8 | 166.6 | 92.5 | 92.2 | 66.7 | 259.1 | 2098.8 |
| 年内径流量占比/% | 3.8 | 3.8 | 6.7 | 8.4 | 13.5 | 16.3 | 17.2 | 10.6 | 7.9 | 4.4 | 4.4 | 3.2 | 12.3 | 100 |
| 径流量变化值/亿 $m^3$ | 22.3 | 5.6 | 12.6 | −42.6 | −30.7 | −33.0 | −77.8 | −105.5 | −95.2 | −90.9 | −15.4 | 4.7 | −186.1 | −445.9 |
| 变化百分比/% | 38.5 | 7.7 | 10.0 | −19.5 | −9.8 | −8.8 | −17.8 | −32.2 | −36.3 | −49.6 | −14.3 | 7.6 | −41.8 | −17.5 |

2019 年多年平均径流量偏少 445.9 亿 $m^3$，变化幅度为 17.5%，9—10 月多年平均径流量偏少 186.1 亿 $m^3$，变化幅度为 41.8%，从各个月变化幅度来看，10 月变化幅度最大，各月径流量变化幅度在−49.6%～38.5%。12 月至次年 3 月径流量有所增加。

**4. 洞庭湖出湖径流变化（城陵矶）**

采用城陵矶（七里山）站流量代表洞庭湖出湖入江水量。三峡水库蓄水运用前后城陵矶（七里山）站径流量及其变化见表 2.2-5、图 2.2-8。较 1960—2002 年，城陵矶（七里山）站 2003—2019 年多年平均年径流量偏少 420.0 亿 $m^3$，变化幅度为 14.7%，9—10 月多年平均径流量偏少 200.9 亿 $m^3$，变化幅度为 37.2%，从各个月变化幅度来看，10 月变化幅度最大，径流量变化幅度在−41.8%～33.7%。12 月至次年 3 月径流量有所增加。

综上所述，基于长系列数据分析，三峡水库蓄水运用后，湖南四水径流量没有趋势性变化，因此三口分流水量减少是洞庭湖入湖径流量减少的主要原因。荆江三口分流量减少主要集中在 6—10 月，即长江干流中高流量时期分流量显著减少，分析三口分流水量减少的主要因素可能有以下四点：①荆江干流河势变化影响三口分流能力；②淤积导致三口洪道萎缩；③宜昌以上年径流量减小影响分流量；④三峡等控制性水库改变荆江干流径流与水位过程影响分流量。

洞庭湖出湖流量变化趋势与入湖流量变化趋势基本保持一致，且年内过程受干流顶托、三口分流、湖南四水来水的影响。经初步统计，三峡水库蓄水运用后，枯水期三口断流天数增加，流入洞庭湖的水量有所减少，而出湖流量增加主要是由近些年四水上游控制性水库的建成运行枯期补水导致；9—10 月三峡水库蓄水导致干流水位下降，三口提前断流，且四水上游水库同期蓄水，以及干流顶托作用减弱，共同导致该时期出湖流量变化幅度为年内最大。

### 2.2.2 鄱阳湖水沙变化

鄱阳湖流域处于长江中下游右岸，是我国目前最大的淡水湖泊，

**表 2.2-5　　三峡水库蓄水运用前后城陵矶（七里山）站径流量及其变化表**

| 项　目 | 1月 | 2月 | 3月 | 4月 | 5月 | 6月 | 7月 | 8月 | 9月 | 10月 | 11月 | 12月 | 9—10月 | 年 |
|---|---|---|---|---|---|---|---|---|---|---|---|---|---|---|
| 1960—2002年径流量均值/亿 $m^3$ | 69.8 | 82.6 | 143.8 | 234.6 | 333.7 | 359.8 | 483.3 | 370.0 | 305.2 | 235.2 | 145.4 | 84.5 | 540.4 | 2848.0 |
| 年内径流量占比/% | 2.4 | 2.9 | 5.1 | 8.2 | 11.7 | 12.6 | 17.0 | 13.0 | 10.7 | 8.3 | 5.1 | 3.0 | 19.0 | 100 |
| 2003—2019年径流量均值/亿 $m^3$ | 93.3 | 94.0 | 165.4 | 199.4 | 300.8 | 354.7 | 390.6 | 284.5 | 202.6 | 136.9 | 120.9 | 84.8 | 339.6 | 2427.9 |
| 年内径流量占比/% | 3.8 | 3.9 | 6.8 | 8.2 | 12.4 | 14.6 | 16.1 | 11.7 | 8.3 | 5.6 | 5.0 | 3.5 | 14.0 | 100 |
| 径流量变化值/亿 $m^3$ | 23.5 | 11.4 | 21.5 | −35.2 | −33.0 | −5.2 | −92.7 | −85.5 | −102.5 | −98.3 | −24.5 | 0.4 | −200.9 | −420.0 |
| 变化百分比/% | 33.7 | 13.8 | 15.0 | −15.0 | −9.9 | −1.4 | −19.2 | −23.1 | −33.6 | −41.8 | −16.8 | 0.4 | −37.2 | −14.7 |

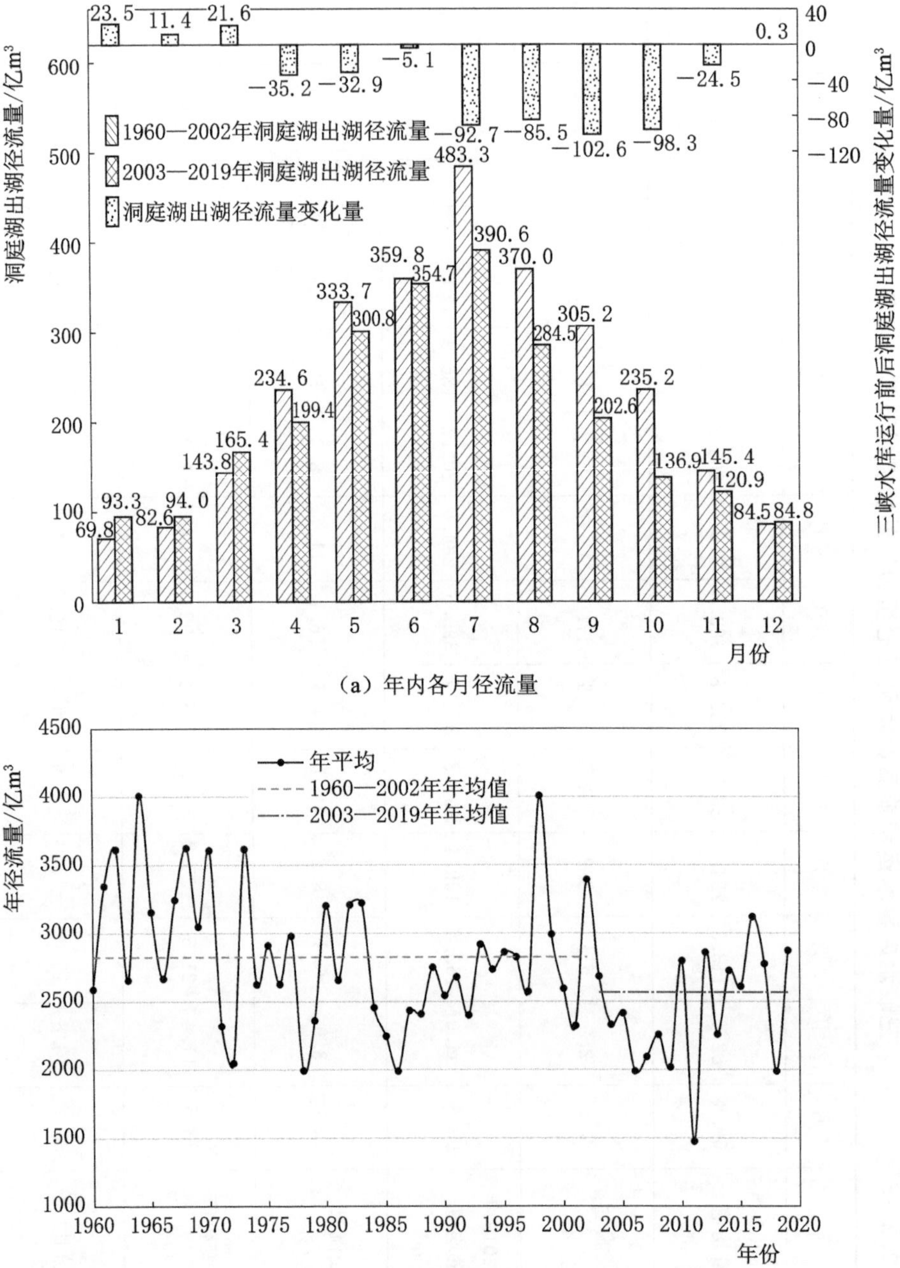


(a) 年内各月径流量



(b) 历年径流量

图 2.2-8 三峡水库蓄水运用前后城陵矶（七里山）径流量变化图

它承纳赣江、抚河、信江、饶河、修水五大河及博阳河、漳田河、潼津河等支流来水，经调蓄后由湖口注入长江，是一个过水型、吞吐型、季节性湖泊。鄱阳湖泥沙主要来自五河，且绝大部分来自赣江。

鄱阳湖历年入、出湖水沙年均值变化见图 2.2-9。1956—2018 年江西五河（不含区间来水）年均输入鄱阳湖的径流量和输沙量分别为 1088 亿 $m^3$ 和 1205 万 t，其径流量无明显的趋势性变化，输沙量自 1961 年以来呈持续性的减少趋势，1956—2002 年湖口出湖年输沙量也

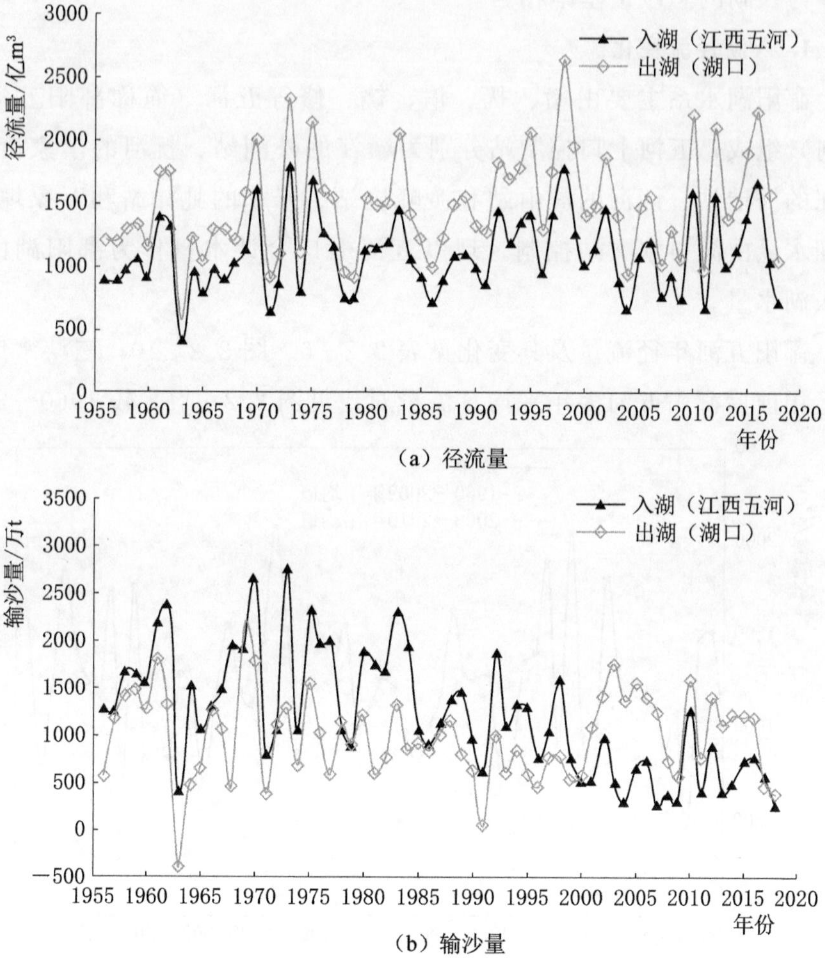


(a) 径流量

(b) 输沙量

图 2.2-9　鄱阳湖入、出湖水沙年均值变化

呈持续性的减少趋势。2003—2018年江西五河年均入湖沙量减少至563万t，相较于1991—2002年减少45.4%，与此同时，出湖的沙量却出现增加的趋势，相较于1991—2002年增加54.5%，根据研究，自21世纪初长江干流段全面禁止采砂后，大量采砂船进入鄱阳湖入江水道，高频率的采砂活动对泥沙输移造成明显扰动，是鄱阳湖区出湖泥沙增大的重要原因。鄱阳湖区也是在2000年前后由此前的常年沉积泥沙状态转变为常年对干流河道补给泥沙的状态，2003—2018年湖区补给的泥沙与入湖的总沙量基本相当。

**1. 入湖径流变化**

鄱阳湖水系主要由赣、抚、信、饶、修等五河（简称鄱阳五河或五河）组成，五河七口控制站分别为赣江的外洲站、抚河的李家渡站、信江的梅港站、饶河的虎山站和渡峰坑站、修水的虬津站和万家埠站，出湖水量由湖口水文站控制。现以五河七口合计水量作为鄱阳湖区主要入湖水量。

鄱阳五河年径流量及其变化见表2.2-6、图2.2-10，三峡水库蓄水运用前后鄱阳五河多年平均日流量对比见图2.2-11。较1960—2002

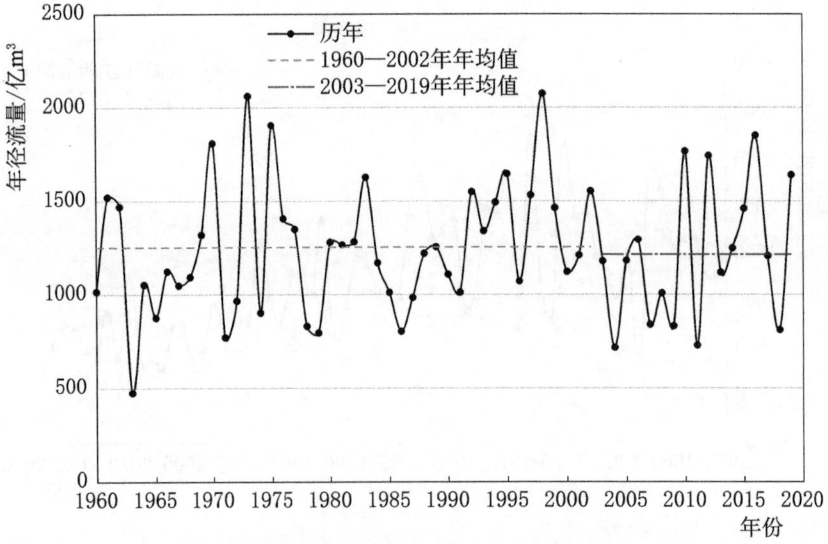


图2.2-10 鄱阳五河年径流量变化图

表 2.2-6　　三峡水库蓄水运用前后鄱阳五河径流量及其变化表

| 项　目 | 1月 | 2月 | 3月 | 4月 | 5月 | 6月 | 7月 | 8月 | 9月 | 10月 | 11月 | 12月 | 9—10月 | 年 |
|---|---|---|---|---|---|---|---|---|---|---|---|---|---|---|
| 1960—2002年径流量均值/亿 $m^3$ | 41.9 | 55.2 | 111.5 | 176.5 | 202.1 | 240.0 | 145.5 | 82.6 | 65.0 | 49.9 | 45.3 | 38.5 | 114.9 | 1253.7 |
| 年内径流量占比/% | 3.3 | 4.4 | 8.9 | 14.1 | 16.1 | 19.1 | 11.6 | 6.6 | 5.2 | 4.0 | 3.6 | 3.1 | 9.2 | 100 |
| 2003—2019年径流量均值/亿 $m^3$ | 51.3 | 57.9 | 122.0 | 144.6 | 189.5 | 236.5 | 140.8 | 76.0 | 54.8 | 36.7 | 50.3 | 53.4 | 91.5 | 1213.9 |
| 年内径流量占比/% | 4.2 | 4.8 | 10.0 | 11.9 | 15.6 | 19.5 | 11.6 | 6.3 | 4.5 | 3.0 | 4.1 | 4.4 | 7.5 | 100 |
| 径流量变化值/亿 $m^3$ | 9.4 | 2.7 | 10.5 | −31.9 | −12.5 | −3.5 | −4.6 | −6.6 | −10.2 | −13.2 | 5.1 | 15.0 | −23.4 | −39.9 |
| 变化百分比/% | 22.5 | 4.9 | 9.4 | −18.1 | −6.2 | −1.5 | −3.2 | −8.0 | −15.7 | −26.4 | 11.2 | 39.0 | −20.4 | −3.2 |

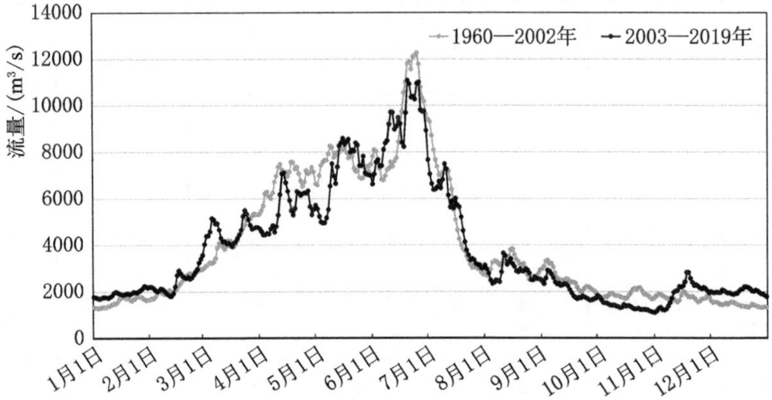


图 2.2-11　三峡水库蓄水运用前后鄱阳五河多年平均日流量对比图

年，鄱阳五河 2003—2019 年多年平均径流量偏少 39.9 亿 $m^3$，变化幅度为 3.2%，9—10 月多年平均径流量偏少 23.4 亿 $m^3$，变化幅度为 20.2%，从各个月变化幅度来看，12 月变化幅度最大，径流量变化幅度在－26.4%～39.0%。11 月至次年 3 月径流量有所增加。

**2. 出湖径流变化**

本次采用湖口站流量代表鄱阳湖出湖入江水量。三峡水库蓄水运用前后湖口站径流量及其变化见表 2.2-7、图 2.2-12，三峡水库蓄水

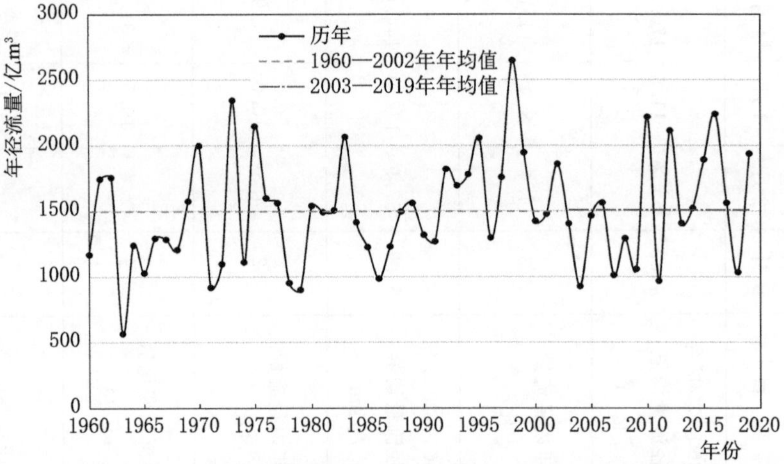


图 2.2-12　三峡水库蓄水运用前后湖口站年径流量变化图

表 2.2-7 三峡水库蓄水运用前后湖口站径流量及其变化表

| 项　目 | 1月 | 2月 | 3月 | 4月 | 5月 | 6月 | 7月 | 8月 | 9月 | 10月 | 11月 | 12月 | 9—10月 | 年 |
|---|---|---|---|---|---|---|---|---|---|---|---|---|---|---|
| 1960—2002年径流量均值/亿 $m^3$ | 48.3 | 60.2 | 119.0 | 186.8 | 214.4 | 223.2 | 168.1 | 134.2 | 97.8 | 106.0 | 84.2 | 54.2 | 203.8 | 1496.6 |
| 年内径流量占比/% | 3.2 | 4.0 | 8.0 | 12.5 | 14.3 | 14.9 | 11.2 | 9.0 | 6.5 | 7.1 | 5.6 | 3.6 | 13.6 | 100 |
| 2003—2019年径流量均值/亿 $m^3$ | 65.8 | 69.4 | 143.0 | 163.2 | 194.6 | 240.1 | 171.5 | 144.7 | 94.2 | 83.2 | 68.2 | 69.3 | 177.4 | 1507.3 |
| 年内径流量占比/% | 4.4 | 4.6 | 9.5 | 10.8 | 12.9 | 15.9 | 11.4 | 9.6 | 6.3 | 5.5 | 4.5 | 4.6 | 11.8 | 100 |
| 径流量变化值/亿 $m^3$ | 17.5 | 9.1 | 24.0 | −23.6 | −19.8 | 16.9 | 3.4 | 10.5 | −3.6 | −22.8 | −16.0 | 15.1 | −26.4 | 10.7 |
| 变化百分比/% | 36.1 | 15.2 | 20.2 | −12.6 | −9.2 | 7.6 | 2.0 | 7.8 | −3.6 | −21.5 | −19.0 | 27.9 | −13.0 | 0.7 |

运用前后湖口站多年平均日流量对比见图 2.2-13。较 1960—2002 年，湖口站 2003—2019 年多年平均径流量增加 10.7 亿 $m^3$，变化幅度为 0.7%；9—10 月多年平均径流量偏少 26.4 亿 $m^3$，变化幅度为 13.0%；从各个月变化幅度来看，1 月变化幅度最大，径流量变化幅度在 −19.0%～36.1%。12 月至次年 3 月径流量有所增加。

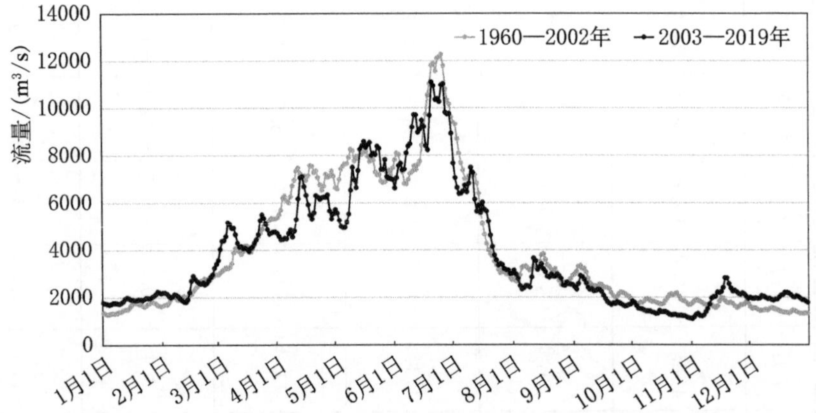


图 2.2-13　三峡水库蓄水运用前后湖口站多年平均日流量对比图

综上所述，基于长系列数据分析，三峡水库蓄水运用后，鄱阳湖出入湖水量无显著变化趋势，长江干流水文情势变化对鄱阳湖水资源量的影响主要体现在干流水位年内过程变动导致的湖区年内水资源量变化。

## 2.3　荆江三口分流特征演变与成因分析

荆江三口分流特征可以用分流比和分流量共同表征。分流比为干流同流量级下三口分流量与干流流量的比值，代表的是三口洪道的分流能力。如 2.2.1 节中所述，一般认为 20 世纪 50 年代以来，荆江三口分流能力的变化，主要影响因素为：①荆江干流河势变化影响三口分流能力；②三口洪道淤积萎缩分流能力减弱。分流量的变化则是在明确分流比变化趋势的基础上，进一步考虑：①宜昌以上上游来流的年径流量变化；②三峡等控制性水库改变荆江干流径流与水位过程导致中高流量级持续时间发生变化。

1956—2018年荆江三口分流量呈显著下降趋势（见表2.3-1）。三峡水库蓄水运用后荆江三口分流特征呈现两个阶段性变化：一是2003—2012年荆江三口分流比相比蓄水前变化趋势并不明显，二是2013—2018年荆江三口分流比开始出现下降趋势。从荆江三口口门处干流河势变化、三口洪道冲淤趋势两个角度，分析三峡水库蓄水运用后荆江三口分流比阶段性变化的机理。

**表2.3-1　1956—2018年荆江三口分流量变化**

| 时段 | | 长江干流来流量（枝城站）/亿 $m^3$ | 三口分流量/亿 $m^3$ | | | | 三口分流比/% |
|---|---|---|---|---|---|---|---|
| 起止年份 | 编号 | | 松滋口 | 太平口 | 藕池口 | 三口合计 | |
| 1956—1966 | 一 | 4515 | 485.1 | 209.7 | 636.8 | 1331.6 | 29 |
| 1967—1972 | 二 | 4302 | 445.4 | 185.8 | 390.2 | 1021.4 | 24 |
| 1973—1980 | 三 | 4441 | 427.5 | 159.9 | 246.9 | 834.3 | 19 |
| 1981—1998 | 四 | 4438 | 376.6 | 133.4 | 188.6 | 698.6 | 16 |
| 1999—2002 | 五 | 4454 | 344.9 | 125.6 | 154.8 | 625.3 | 13 |
| 2003—2012 | 六 | 4093 | 292.4 | 92.1 | 108.7 | 493.2 | 12.8 |
| 2013—2018 | 七 | 4346 | 295.9 | 66.0 | 100.0 | 461.8 | 10.6 |

注　枝城站为长江干流三口分流前的控制水文站。

## 2.3.1 荆江三口分流比变化成因

### 2.3.1.1 荆江三口口门河势变化

荆江南岸有松滋口、太平口、藕池口分流分沙入洞庭湖，荆江河道口门附近多为分汊河段，且均存在浅滩，口门处浅滩的变化对分流口的分流分沙有一定影响。

**1. 松滋口**

松滋口处于枝城至涴市河段，该河段包含了芦家河浅滩、枝江浅滩和江口浅滩，处于芦家河至枝江东阶地上，河道以砂卵石层为主，李家渡以上河段河床抗冲能力强，使得李家渡以上比降显著大于李家渡以下。由于该河道的河床组成特性，松滋口分流比年际间保持相对稳定。据长江水利委员会水文局的研究成果，当枝城流量为3000$m^3/s$时，1956—1980年松滋口分流比稳定在13.7%，1981年（葛洲坝运行后）松滋口分流比下降到10.5%，2003—2008年由于松滋口口门河道采砂和清水冲刷作用，使得分流比略有抬升至11.2%。分析松滋口口门附近荆江干流河势变化，三峡水库蓄水以后，松滋口口门附近冲刷较为明显，由图2.3-1可见，2009年相比2003年右岸深槽更靠近右岸，十米线自2003年起沿右岸向松滋口口门前进，干流主流位置向松滋河口靠近。对比2003—2009年干流河道与松滋河分流洪道夹角，2006年相比2003年分流角变化不大，而2009年分流角明显减小，上述河势变化均有利于松滋口分流比的增加。

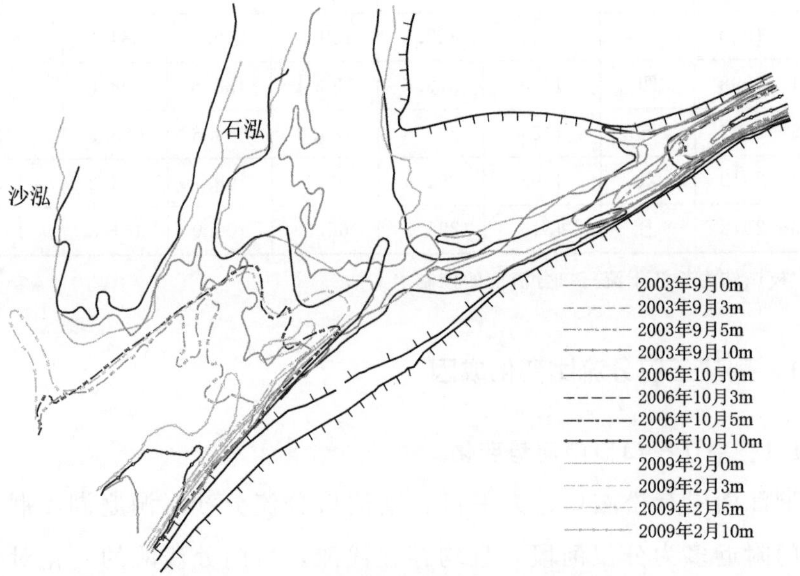


图2.3-1 三峡水库蓄水运用后松滋口口门荆江干流河势变化（彩图见书末）

**2. 太平口**

太平口处于涴市至沙市河段，包含太平口心滩，见图 2.3-2。太平口荆江段于 20 世纪 90 年代发育心滩，由单一河道变成分汊河道。据 1996 年、2001 年水下地形图，主泓线出现在南槽，据 1998 年、2000 年水下地形图，主泓线出现在北槽，出现了主泓线摆动，主泓线最大摆幅达 600m。此外，受上游来沙量减少的影响，以 30m 等高线为例，受 1998 年大洪水冲刷，1996—1998 年，面积由 $1.54km^2$ 减小至 $0.85km^2$；滩顶高程由 34.8m 降至 32.4m，冲刷 2.4m；滩头下缩 560m。2000 年、2001 年心滩有所淤长，滩体向下游平移。2001 年面积为 $0.93km^2$，滩顶高程 32.8m（部位在荆 34 上游 240m，较 1996 年下移 1200m），滩头亦比 1996 年下移 1960m。除了太平口心滩发生变化外，太平口边滩也在发生相应于上游来沙减少的变化，边滩头部略有崩退，下半部淤积下延，滩顶高程淤高。

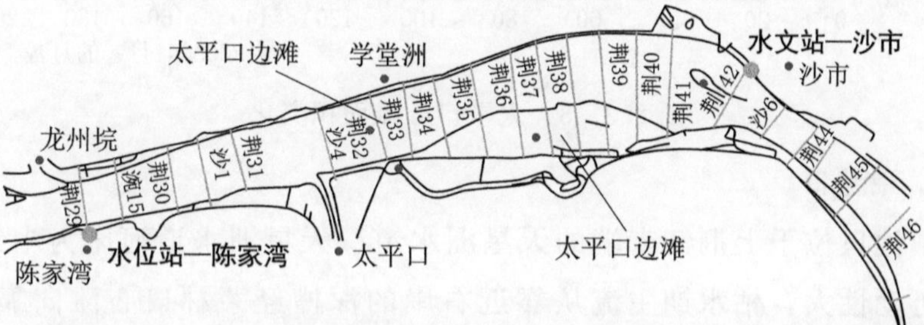


图 2.3-2　太平口水道河势情况

总的来看，太平口心滩位于太平口口门下游，特别是三峡水库蓄水运用后，太平口心滩进一步冲刷下移，主流至心滩后的左右摆动对太平口口门分流能力影响不大。然而太平口洲滩面积的大小，可以作为太平口口门附近干流冲淤变化的指针。太平口心滩随着上游来水来沙情况的变化，其心滩形态和面积也随之演变，反映的是太平口口门附近荆江干流河道的冲淤状态，太平口口门同流量级水位受心滩演变影响，升高或降低，并最终影响太平口分流能力（分流比）。三峡水库蓄水运用后，随着宜昌站含沙量的进一步减少，太平口心滩面积经历了一个先增大，至2013年陡然减小的过程（见图2.3-3）。太平口心滩面积在2013年后的大幅减少，说明太平口口门附近干流河道冲刷幅度加大，荆江干流同流量级水位下降，引起太平口口门水位下降，导致太平口的分流分沙进一步减少，至2019年年均分流比为1.52%。

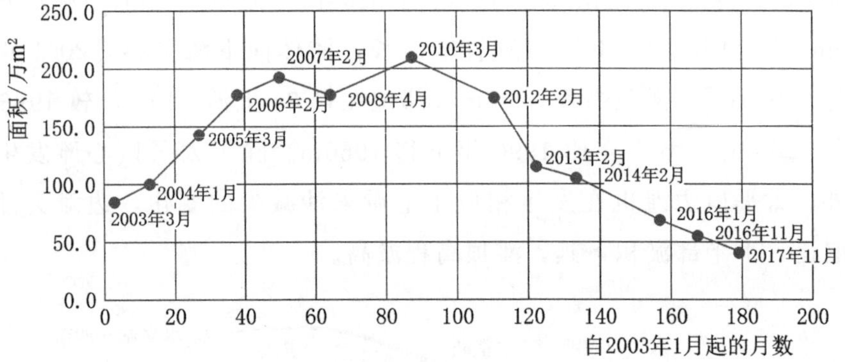


图2.3-3 太平口心滩面积变化

**3. 藕池口**

藕池口位于上荆江末端的天星洲水道。天星洲水道河床为中细沙，床沙可动性大，枯水期主流从靠近右岸的深槽经茅林口心滩向靠近左岸深槽过渡，串沟位置随藕池口分流大小而上提下挫，年际间呈周期性往复变化，大水年藕池口分流量大，右汊发育，过渡段位置在郑家河头以下，易形成横渡串沟，小水年串沟位置上提。受藕池口分流影响小，水流归槽时间长，水流易坐弯形成分汊河道，如遇中水年左汊依然可发育为主汊，右汊在环流作用下顶冲点下移但水流不畅。如遇大水年由于藕池口分流量大，右汊发育再次坐弯下窜，左汊淤积，完成主泓从上到下的演变过程。天星洲水道特点是主槽不定、出浅点多。从有利于藕池口分流的角度来看，天星洲水道主流若紧贴右岸，即右汊冲刷发育，主流摆动靠近右岸藕池口，则有利于分流能力的增大，若小水年右汊淤积，主流改走左汊则不利于分流。

三峡水库蓄水运用后，天星洲与洲头心滩独立开来，且位置相对较为稳定。2002 年天星洲头部心滩面积较小（30m 高程以上面积）且位于河道中间，2006 年受水流冲刷影响，天星洲头部和头部心滩整体后退并向右岸移动，头部心滩面积扩大至 153.6 万 $m^2$，至 2011 年头部心滩右缘继续冲刷后退，左缘则淤积展宽并向上游延伸，与上游几个零星的小心滩合并形成大的心滩，因此头部心滩面积大幅扩大，2016 年头部心滩整体变化较小，向上游略有延伸，心滩面积增大至 277.3 万 $m^2$，并在上游新形成一个很小的心滩；2018 年上心滩不断淤涨扩大，与 2016 年相比，下心滩有所冲刷萎缩，心滩面积由 277.3 万 $m^2$ 减少至 248 万 $m^2$。天星洲头部心滩滩体特征值 2002—2018 年变化见表 2.3-2。

**表 2.3-2 天星洲头部心滩滩体特征值近年变化表**

**（30m 高程以上滩体）**

| 时间 | 最大滩长/km | 最大滩宽/km | 面积/$km^2$ | 滩顶高程/m |
|---|---|---|---|---|
| 2002 年 10 月 | 1.69 | 0.74 | 1.07 | 33.6 |
| 2004 年 7 月 | 2.49 | 0.55 | 0.93 | 33.2 |
| 2006 年 6 月 | 2.73 | 0.89 | 1.54 | 33.9 |
| 2011 年 11 月 | 3.81 | 0.88 | 2.58 | 33.1 |
| 2016 年 10 月 | 5.59 | 0.89 | 2.77 | 34.7 |
| 2018 年 10 月 | 1.28 | 0.43 | 0.43 | 32.6 |
| | 4.26 | 0.81 | 2.48 | 33.6 |

分析三峡水库蓄水运用后 2002—2018 年藕池口口门天星洲水道河势演变过程（图 2.3-4），天星洲心滩随着主流摆动逐渐向藕池口口门靠近，干流主流向贴向左岸发展，右汊逐渐淤积，特别是 2011 年前后，心滩面积显著增大，说明贴近藕池口口门的荆江干流右岸呈显著淤积态势，主流发展不利于藕池口分流。

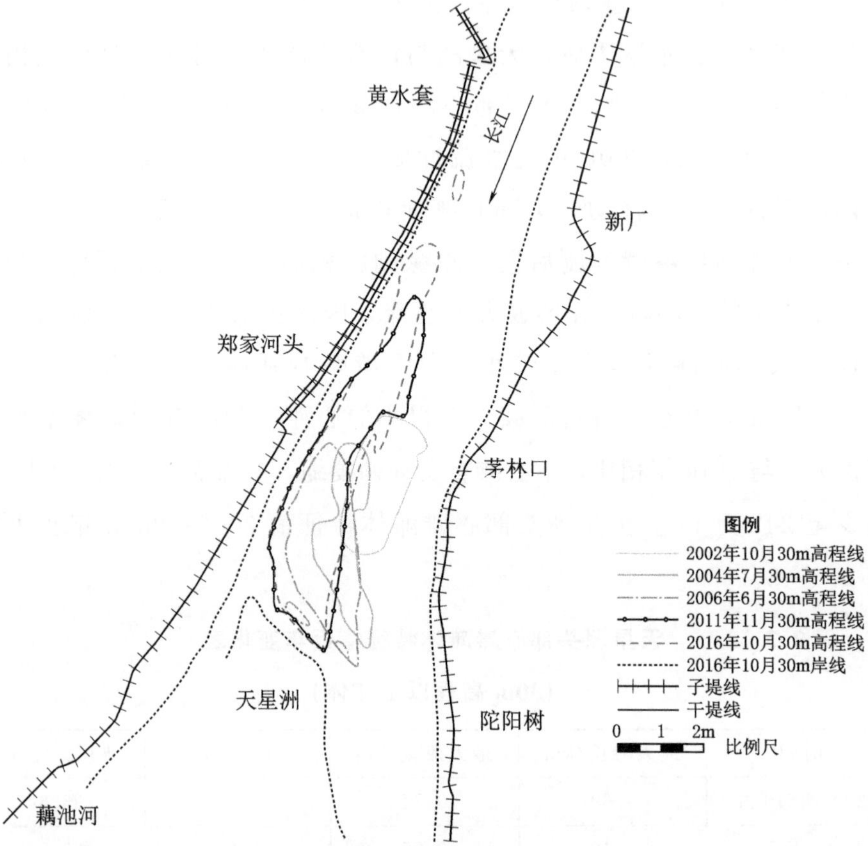


图 2.3-4 天星洲头部心滩 30m 高程等高线多年平面变化图（彩图见书末）

李义天等（2009）选择 1982 年、1983 年两个相邻年份作为典型年，分析干流河势变化对三口分流能力的影响。两个相邻典型年内藕池口口门冲淤变化不大，而主流由右汊摆动至左汊，1982 年、1983 年两个年份的分流量变化均较小，在 1%范围以内，也一定程度上反映了主流变动对分流能力的影响相对较小。

综上所述，荆江三口口门干流河势对三口洪道分流能力有一定影响，且影响方式和程度各不相同。三峡水库蓄水运用后荆江干流持续冲刷，若李家渡浅滩不发生大幅变化，则松滋口分流分沙比仍将保持相对稳定；随着太平口心滩面积作为太平口口门干流河道冲淤状态的指针，冲刷下移和萎缩说明干流太平口水道持续冲刷，同流量级干流水位下降导致太平口口门分流能力下降，趋势是保持季节性的分流口门；天星洲水道左汊未来进一步冲刷且右汊淤积，淤积位置位于藕池口口门，导致藕池口分流能力进一步地减少，亦将保持季节性的分流口门。总的来说，三口口门淤积以及干流河段冲刷引起同流量级水位下降是河势演变影响三口分流能力的主要方式，主流轻微摆动以及分流角的变化对三口分流能力影响不大。

#### 2.3.1.2 荆江干流水位变化

三峡水库蓄水运用后，大坝下游河床沿程冲刷，尤其是紧邻大坝下游的宜昌至枝城河段和荆江河段冲刷十分剧烈，冲刷导致河床高程下切、过水断面面积增大，尤其是枯水河床冲刷明显，造成沿程枯水位均有不同幅度的下降。三峡水库蓄水运用后枝城站、沙市站不同流量级水位变化情况分别见图 2.3-5、图 2.3-6。由图 2.3-5 和图 2.3-6 可见三峡水库蓄水运用后，宜昌至沙市河段冲刷导致枯水位下降，而中高水位变化趋势不显著。

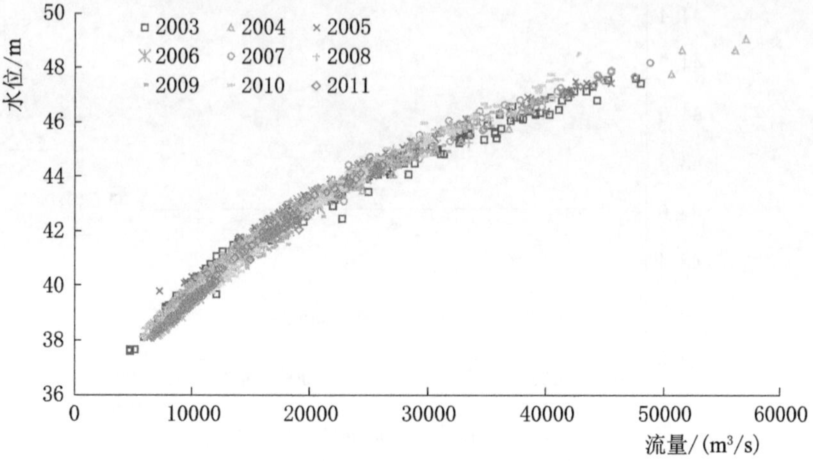


(a) 枝城站实测水位流量关系

图 2.3-5（一） 三峡水库蓄水运用后枝城站不同流量级水位变化情况

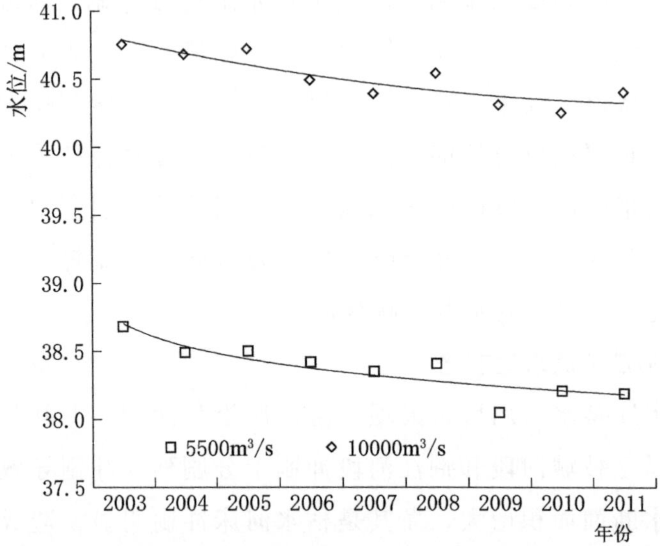


（b）枝城站5500m³/s、10000m³/s

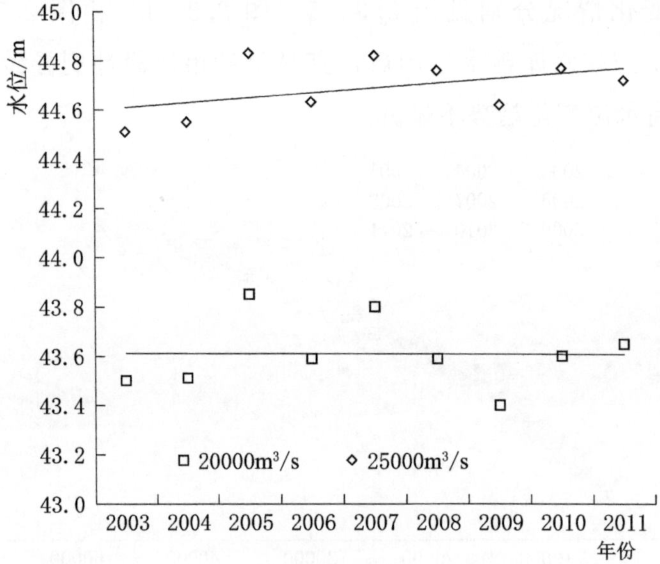


（c）枝城站20000m³/s、25000m³/s

图 2.3-5（二） 三峡水库蓄水运用后枝城站不同流量级水位变化情况

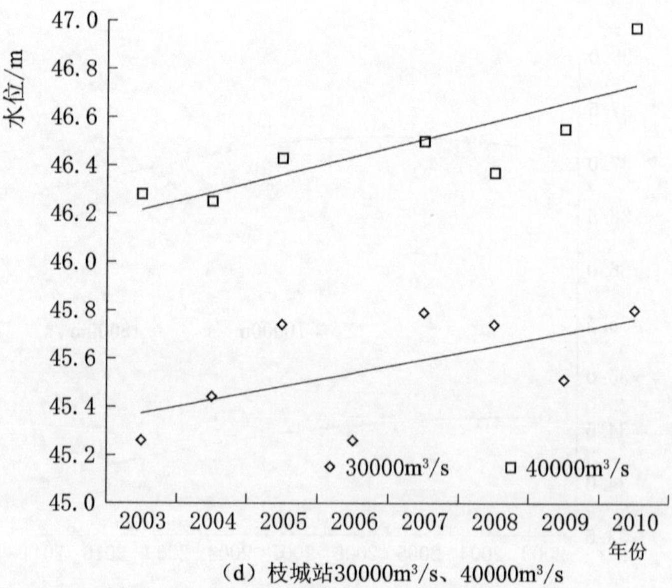


(d) 枝城站30000m³/s、40000m³/s

图 2.3-5(三) 三峡水库蓄水运用后枝城站不同流量级水位变化情况

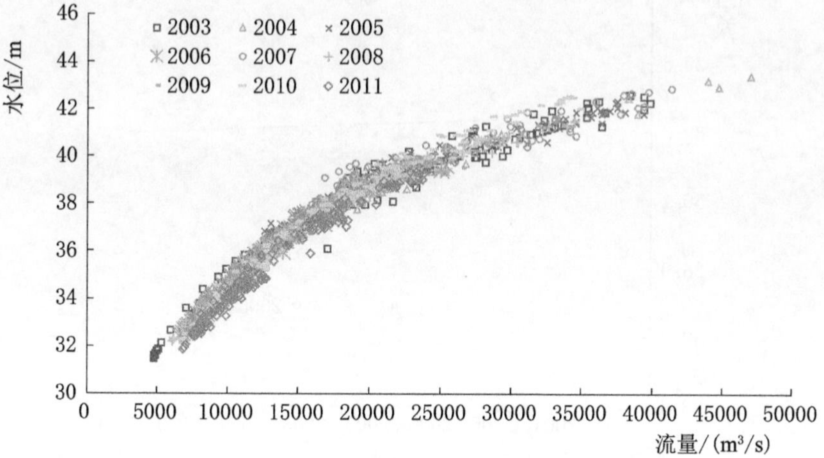


(a) 沙市站实测水位流量关系

图 2.3-6(一) 三峡水库蓄水运用后沙市站不同流量级水位变化情况

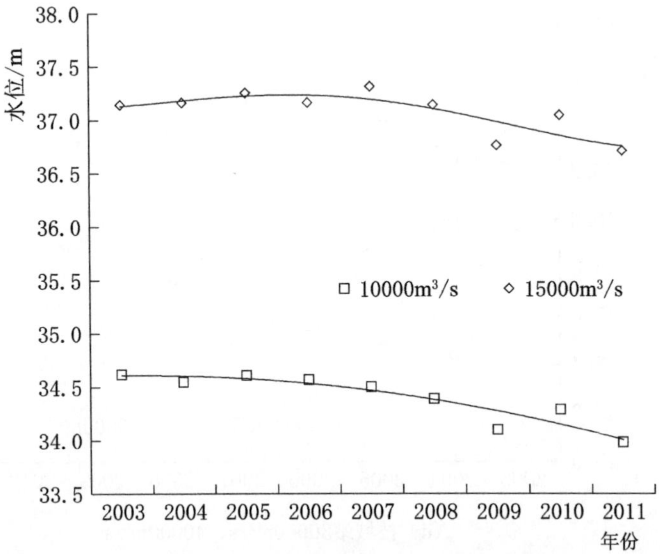


（b）沙市站10000m³/s、15000m³/s

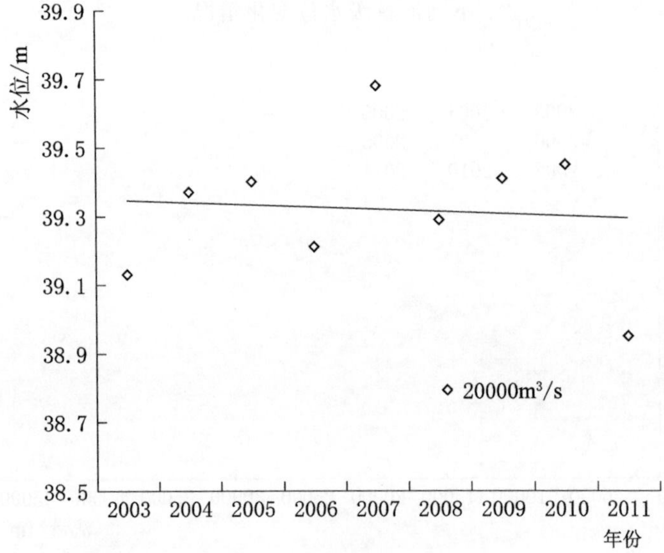


（c）沙市站20000m³/s

图 2.3-6（二） 三峡水库蓄水运用后沙市站不同流量级水位变化情况

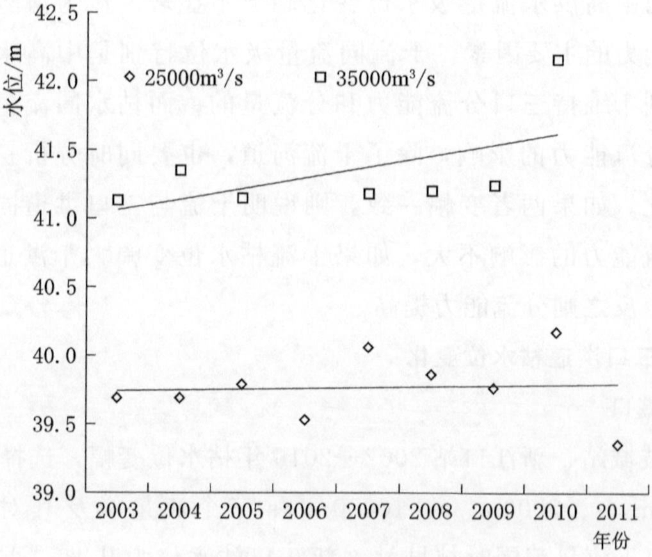


（d）沙市站25000m³/s、35000m³/s

图 2.3-6（三） 三峡水库蓄水运用后沙市站

不同流量级水位变化情况

利用时间序列分析的方法对三峡蓄水前后的洪、枯水位变化进行了分析，结果与定性分析一致：三峡蓄水后中游各站枯水位均呈趋势性下降，而洪水位则没有明显的下降趋势；并且认为枯水位下降是因为枯水条件下河床下切造成的水位下降大于同时期由于河床粗化等因素导致的糙率增加引起的水位上升；而在洪水位时两者大致接近，因此枯水位趋势性降低，而洪水位变幅不大。对影响同流量下水位变化的因子通过分离变量法剥离，结果表明冲刷是影响宜昌至城陵矶河段同流量下枯水位下降的主要因素，2009 年以后宜昌至枝城河段冲刷强度下降，对枯水位下降促进作用减弱，荆江冲刷强度上升，对枯水位下降促进作用增强。而同流量洪水位的主控因素则为河床综合糙率的增加，2009 年之后宜昌至枝城河段粗化基本完成，对同流量洪水位的影响减弱，而荆江河床的粗化正在进行，综合糙率变大对洪水位的抬升正在增加。

综上所述，三峡水库蓄水运用后，荆江干流河段枯水同流量级水位下降，而中高洪水流量级水位变化趋势不显著。作为河势变化影响三口分流能力的主要因素，干流同流量级水位特别是中高水位变化不大，是有利于维持三口分流能力和分流量的；而枯水同流量级水位下降对三口分流能力的影响，除了干流河道，也要同时分析三口洪道的枯水位变化，如果两者变幅一致，则说明干流与三口洪道同时冲刷下切，对分流能力的影响不大，如果干流枯水位变幅大于洪道，则分流能力下降，反之则分流能力提高。

#### 2.3.1.3 三口洪道枯水位变化

**1. 松滋口**

分析枝城站、新江口站2002—2016年枯水位变幅，选择2002年枝城站$6000m^3/s$、$7000m^3/s$、$10000m^3/s$三个流量级及其对应松滋口$450m^3/s$以下流量范围时枝城站、新江口站水位为基准，计算枝城站、新江口站各自相同流量级下，枯水位的变动幅度（见图2.3-7）。总的来看，荆江干流在枝城站$10000m^3/s$、松滋口$450m^3/s$上下枯水位的变动幅度分两个阶段，2002—2012年前后，干流枝城站与松滋口新江口站枯水位变幅基本一致，部分流量级下新江口枯水位下降幅度甚至高于枝城站水位降幅；2012年以后松滋口水位变幅逐渐减弱甚至有上升趋势，而荆江干流枝城枯水位变幅仍为下降趋势。因此，2002年至2012年前后，荆江干流枝城段与松滋口洪道同时冲刷，且冲刷下切幅度基本一致，该时段荆江干流枯水同流量级水位变化对松滋口分流能力影响不大；2012年后，荆江干流支撑段冲刷下切幅度显著高于松滋口洪道，该时段荆江干流枯水同流量级水位的下降，导致松滋口分流能力下降。

**2. 太平口**

分析沙市站、弥陀寺站2002—2016年枯水位变幅，选择2022年沙市站$6000m^3/s$、$7000m^3/s$、$10000m^3/s$三个流量级及其对应弥陀寺站$130m^3/s$以下流量范围为基准，计算沙市站、弥陀寺站各自相同流量级下，枯水位的变动幅度（见图2.3-8）。三峡水库蓄水运用后，荆江干

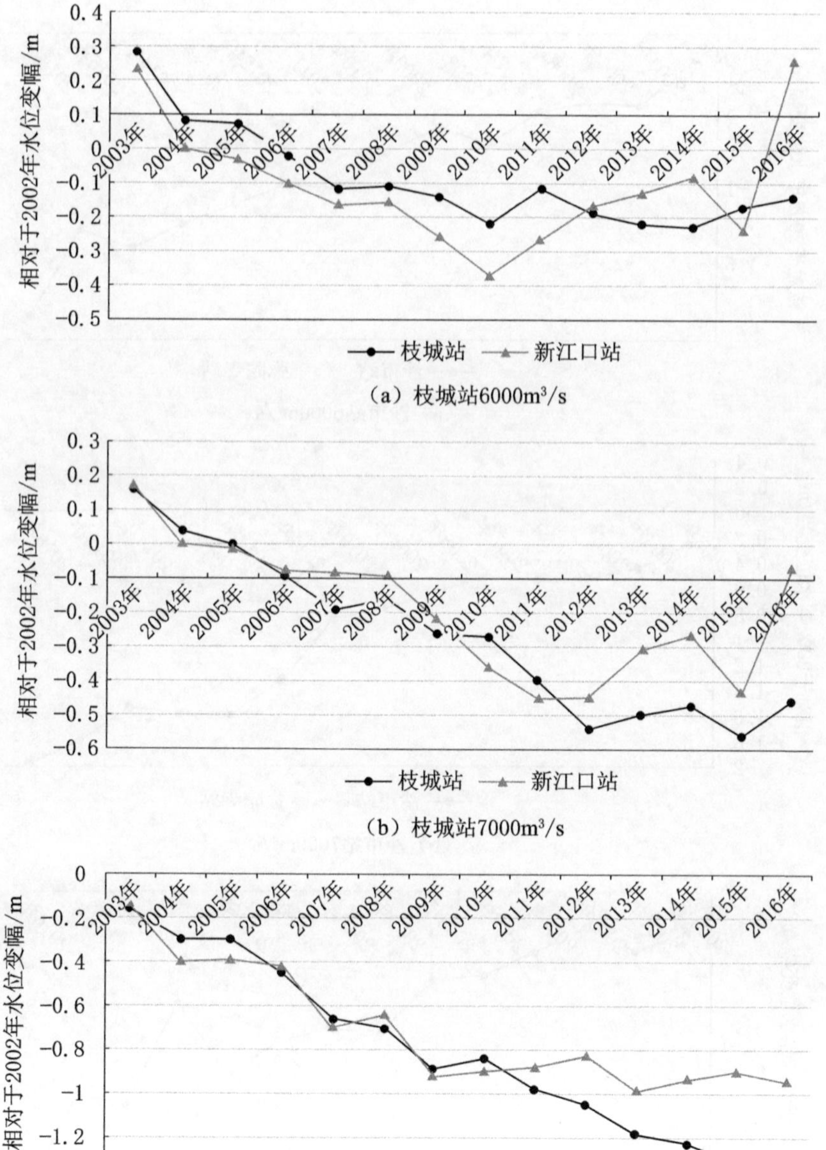


（a）枝城站6000m³/s

（b）枝城站7000m³/s

（c）枝城站10000m³/s

图 2.3-7 不同流量下枝城站、新江口站相对于 2002 年的水位变幅

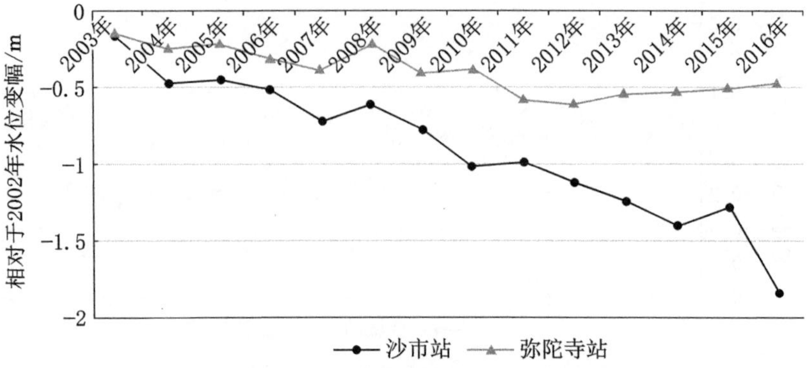


（a）沙市站6000m³/s

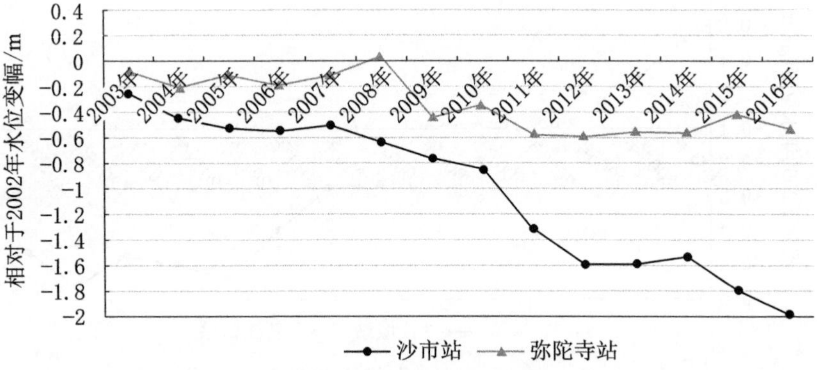


（b）沙市站7000m³/s

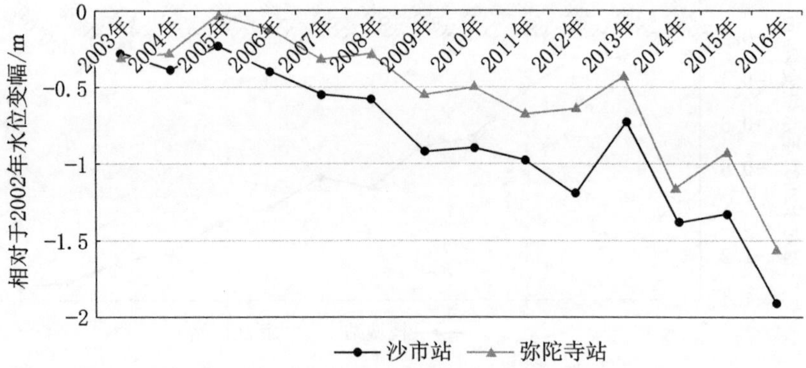


（c）沙市站10000m³/s

图 2.3-8 不同流量下沙市站、弥陀寺站相对于 2002 年的水位变幅

流在沙市站 10000$m^3$/s、弥陀寺站 130$m^3$/s 以下枯水位的变动幅度始终比沙市站枯水位变动和下降幅度更显著，另外，2012 年前后，沙市站、弥陀寺枯水位均开始出现较大的下降趋势。总的来说，太平口洪道冲刷下切的幅度相比荆江沙市段更小，特别是在 2012 年前后沙市站枯水位下降趋势更为显著，因此对于太平口分流能力，荆江干流枯水同流量级水位下降导致太平口分流能力下降，2012 年以后更为显著。

**3. 藕池口**

分析沙市站、管家铺站 2002—2016 年枯水位变幅，选择沙市站 2002 年 10000$m^3$/s 以下流量及其对应藕池口 50$m^3$/s 以下流量范围为基准年，计算沙市站、管家铺站各自相同流量级下，枯水位的变动幅度（见图 2.3-9）。总的来看，荆江干流在沙市站 10000$m^3$/s、藕池口 50$m^3$/s 以下枯水位的变动幅度呈两种趋势，沙市站枯水同流量级水位呈显著下降趋势，而藕池口枯水同流量级水位变幅变化不大。因此，荆江干流沙市段河道枯水流量下冲刷下切显著，而藕池口洪道枯水下切幅度远低于干流，这也是藕池口分流能力在三峡水库蓄水运用后持续下降，同时断流时间持续增加的主要原因。

综上所述，通过分析三峡水库蓄水运用后荆江干流和三口洪道枯水同流量级水位下降的幅度，三口洪道枯水冲淤规律存在差异。松滋口洪道 2002—2012 年与荆江干流冲刷下切幅度基本一致，因此枯水流量级下的分流能力变化不大，2012 年以后冲刷趋势明显弱于干流，枯水流量级下分流能力下降；太平口、藕池口洪道冲刷下切幅度始终弱于干流，该趋势在 2012 年后更加显著，因此，太平口、藕池口枯水流量级下的分流能力是逐渐下降的，主要体现在分流比减小和断流时间的延长。

#### 2.3.1.4 三口断流时间变化特征

三峡水库蓄水运用后，随着分流比的减小，三口断流时间也有所增加。如松滋河东支沙道观 1981—2002 年的多年平均年断流天数为 171d，蓄水后（2003—2018 年）增加到 188d（见表 2.3-3 和图 2.3-10）。其中

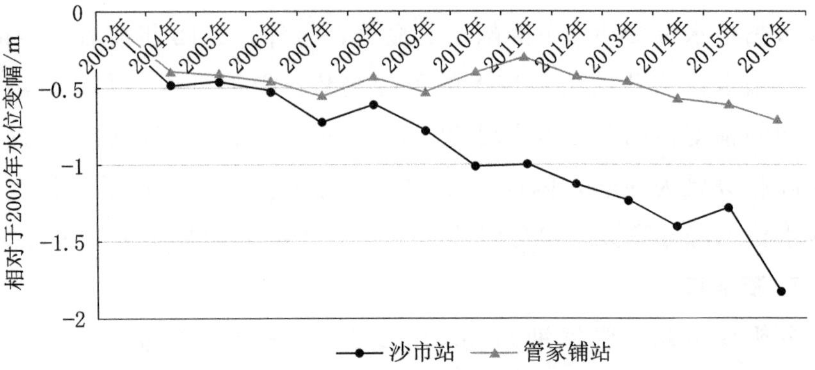


（a）沙市站6000m³/s

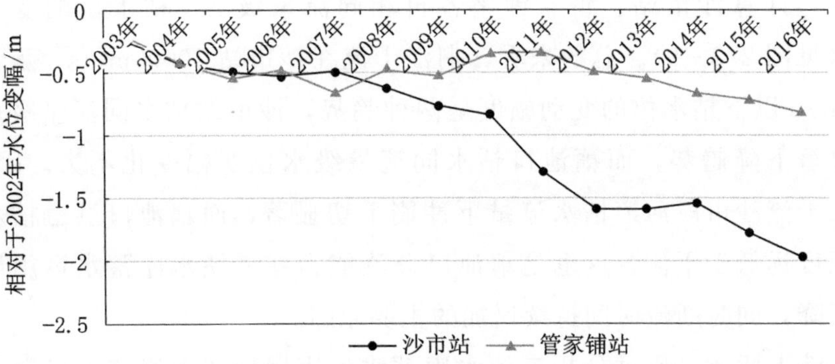


（b）沙市站7000m³/s

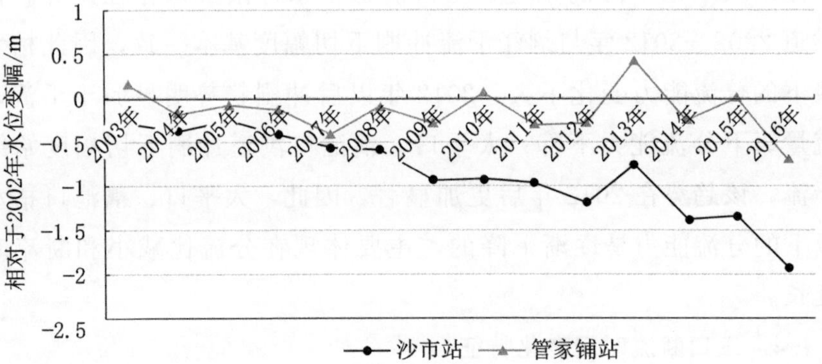


（c）沙市站10000m³/s

图 2.3-9　不同流量下沙市站、管家铺站相对于 2002 年的水位变幅

2003—2012年，沙道观、弥陀寺、藕池（管）、藕池（康）平均年断流天数分别为202d、141d、187d、264d，在三峡水库主要蓄水期（9月、10月），大幅减小了出库流量，从而使得沙道观、弥陀寺、藕池（管）、藕池（康）站9—10月平均断流天数分别由1999—2002年的6d、0d、4d、25d增多至2003—2018年的11d、2d、9d、40d。

**表2.3-3　荆江三口控制水文站不同时段断流天数及枝城站相应流量统计表**

| 时　段 | 多年平均年断流天数/d | | | | 断流时枝城相应流量/($m^3/s$) | | | |
|---|---|---|---|---|---|---|---|---|
| | 沙道观 | 弥陀寺 | 藕池（管） | 藕池（康） | 沙道观 | 弥陀寺 | 藕池（管） | 藕池（康） |
| 1956—1966年 | 0 | 35 | 17 | 213 | — | 4290 | 3930 | 13100 |
| 1967—1972年 | 0 | 3 | 80 | 241 | — | 3470 | 4960 | 16000 |
| 1973—1980年 | 71 | 70 | 145 | 258 | 5330 | 5180 | 8050 | 18900 |
| 1981—1998年 | 167 | 152 | 161 | 251 | 8590 | 7680 | 8290 | 17600 |
| 1999—2002年 | 189 | 170 | 192 | 235 | 10300 | 7650 | 10300 | 16500 |
| 2003—2018年 | 188 | 140 | 180 | 272 | 9880 | 7220 | 9130 | 15900 |

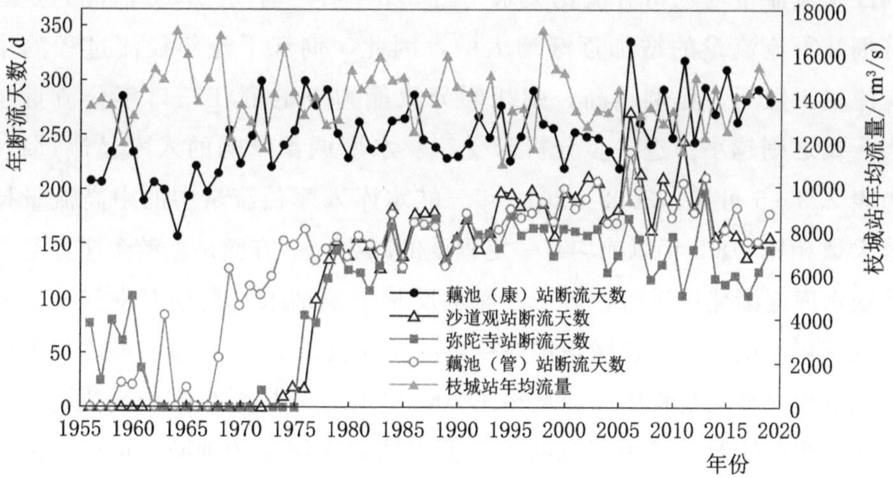


图2.3-10　荆江三口控制水文站历年断流天数

### 2.3.2 荆江三口分流量变化成因

荆江三口分流量是由三口洪道分流能力和荆江干流年径流（径流量与径流过程）共同决定的。根据荆江三口洪道分流能力即分流比的变化特征和成因分析，三口分流能力在2002—2012年相比蓄水前变化不大，而在2012年后呈下降趋势，因此三口分流量变化的成因划分为两个时期：①2002—2012年，此时段影响三口分流量的主要因素包括宜昌以上上游来流的年径流量变化、三峡等控制性水库改变荆江干流径流与水位过程导致中高流量级持续时间发生变化；②2012年以后，此时段影响三口分流量的主要因素包括分流能力下降、宜昌以上上游来流的年径流量变化、三峡等控制性水库改变荆江干流径流与水位过程导致中高流量级持续时间发生变化。

#### 2.3.2.1 荆江径流变化

三峡水库蓄水运用后2003—2018年由于长江上游遭遇水量偏枯的水文周期，宜昌站年均径流量偏少277亿$m^3$，上荆江受宜昌来流减少影响，枝城站、沙市站径流量相比蓄水前均有一定幅度减少（见表2.3-4）。荆江干流流量与三口分流比关系见图2.3-11，荆江三口分流能力是随着荆江干流流量的增加逐渐增大的，因此，荆江干流年径流过程的中高流量天数所占比例越高，则相同分流能力下的荆江三口年分流量越大，反之则越小。进一步分析未受三峡水库调蓄影响的入库径流过程，由表2.3-5可见，2002—2018年三峡水库入库径流量中的中高流量持续天数相比2002年以前均有一定程度的减少，一方面是上游多座控制性梯级水库逐渐建设运行，另一方面也反映了偏枯水文周期对荆江中高流量的削弱作用。对比枝城站年内径流过程（表2.3-6），经三峡水库调蓄后荆江干流径流过程中高流量相比2002年以前，同样出现中高流量持续天数减少的情况，且由于三峡水库蓄水期对大流量的削减，可能会减少较高流量的持续天数，导致中低流量持续天数增加，例如枝城站10000～20000$m^3/s$的持续天数相比蓄水前有较大提高。因此，定性上来说，三峡水库蓄水运用后，荆江径流无论从年径流量还是年径流过程的变化趋势来看，均会导致相同分流能力下的三口分流量的下降。

**表 2.3-4　　　上荆江年均径流量变化情况表**

| 项　　目 | 宜昌站 | 枝城站 | 沙市站 |
|---|---|---|---|
| 1990 年前年均径流量/亿 $m^3$ | 4343 | 4481 | 3920 |
| 1991—2002 年年均径流量/亿 $m^3$ | 4287 | 4338 | 3996 |
| 2003—2018 年年均径流量/亿 $m^3$ | 4092 | 4188 | 3831 |
| 变化率 1/% | −5.8 | −6.5 | −2.3 |
| 变化率 2/% | −4.5 | −3.5 | −4.1 |

**注**　变化率 1 为 2013—2018 年多年平均年径流量较 1990 年前多年平均年径流量的变幅。变化率 2 为 2013—2018 年多年平均年径流量较 1991—2002 年多年平均年径流量的变幅。

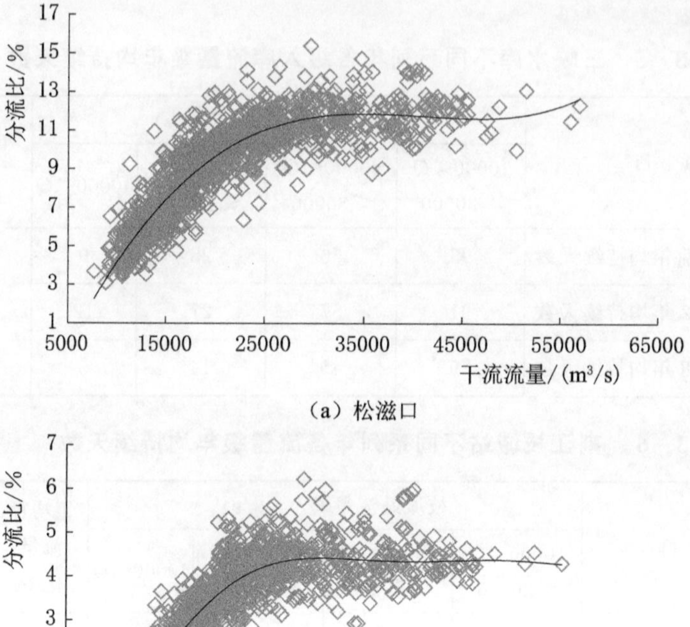


(a) 松滋口

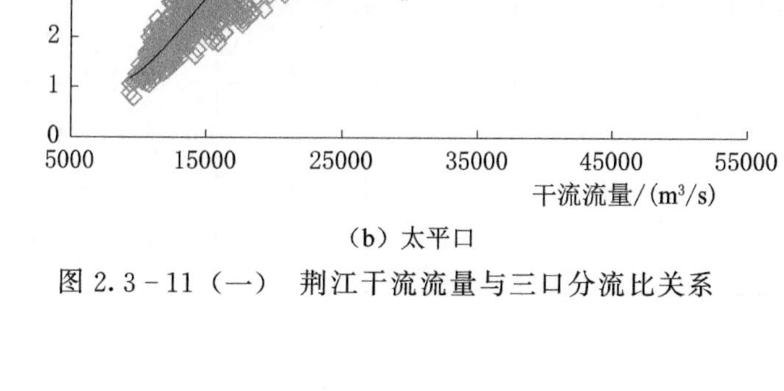


(b) 太平口

图 2.3-11（一）　荆江干流流量与三口分流比关系

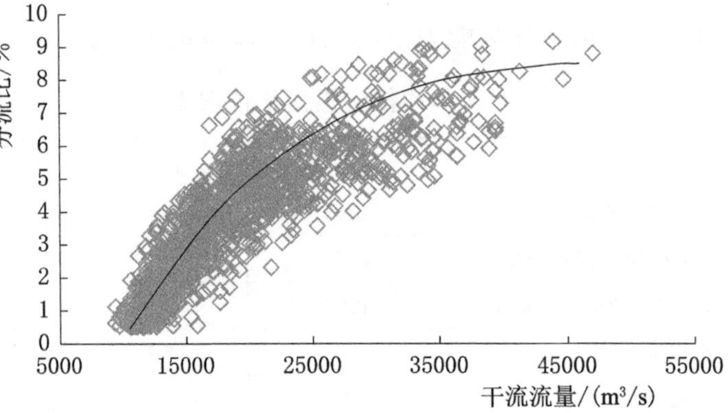


(c) 藕池口

图 2.3-11(二) 荆江干流流量与三口分流比关系

**表 2.3-5 三峡水库不同系列年各级入库流量级年均持续天数**

| 项目 | 三峡入库流量 $Q$/(m³/s) | | | | 年均径流量/亿 m³ |
|---|---|---|---|---|---|
| | 10000<$Q$≤20000 | 20000<$Q$≤30000 | 30000<$Q$≤40000 | 40000<$Q$ | |
| 1990 年以前年均持续天数 | 95 | 56 | 28 | 9 | 4343 |
| 1991—2002 年均持续天数 | 91 | 57 | 27 | 12 | 4287 |
| 2003—2018 年均持续天数 | 79 | 49 | 14 | 5 | 4092 |

**表 2.3-6 荆江枝城站不同系列年各流量级年均持续天数**

| 项目 | 枝城站流量 $Q$/(m³/s) | | | | 年均径流量/亿 m³ | 三口年均径流量/亿 m³ |
|---|---|---|---|---|---|---|
| | 10000<$Q$≤20000 | 20000<$Q$≤30000 | 30000<$Q$≤40000 | 40000<$Q$ | | |
| 1990 年以前年均持续天数 | 84 | 57 | 28 | 15 | 4481 | 698 |
| 1991—2002 年均持续天数 | 88 | 58 | 26 | 16 | 4338 | 625 |
| 2003—2018 年均持续天数 | 105 | 40 | 16 | 8 | 4188 | 476 |

#### 2.3.2.2 分流量影响因素定量化分析

荆江三口分流量与荆江干流枝城站、沙市站的流量过程存在较好的拟合关系，因此在三口分流能力（分流比）变化不大的系列年，可以利用干流流量与分流流量的相关关系，计算不同干流径流过程下三口分流的分流过程，从而定量分析三峡水库蓄水运用后荆江径流量减小、水库调蓄作用、分流能力下降三种因素对三口分流量变化的影响比重。

三峡水库蓄水运用后荆江三口分流比变化分为：第一阶段 2003—2012 年（分流能力相比蓄水前变化不大）、第二阶段 2013—2018 年（分流能力相比蓄水前有下降趋势）。由于第一阶段荆江三口分流比变化不大，因此，该阶段可以定量分析荆江径流量减小及三峡水库调蓄作用对三口分流量减小的影响比重。

**1. 第一阶段 2003—2012 年**

利用 2003—2012 年干流流量与分流流量的相关关系，计算 2003—2012 年各年份荆江三口不受三峡水库调蓄情况下分流量（计算值），并与实测分流量（实测值）对比（见表 2.3-7）。表 2.3-7 中三峡水库 2003—2007 年初期蓄水时段，三口实测与计算分流量相差不大，2003 年由于水库于该年 5 月底至 6 月初，由 70m 蓄至 135m（持续近 20d）的蓄水作用，对该期高流量的影响较大，故而三口实测与计算分流量有较大差值，但差值占实际分流总量的比重仍不明显；水库实验性高水位运行后，三峡水库调蓄作用改变下游径流过程对三口的影响开始显著，2008—2011 年三口实测与计算分流量差值明显增大，水库改变径流过程对三口分流的影响不可忽视。2003—2012 年荆江三口年均分流量相比 1999—2002 年减少了 132.1 亿 $m^3$，其中三峡水库调蓄导致减少量为 46.7 亿 $m^3$，占总减少量的 35%。因此三峡水库蓄水运用后，在分流能力变化不大的情况下，荆江三口分流量减少由三峡水库调蓄和荆江来流径流量减少共同导致，从比重上来看，三峡水库调蓄导致荆江三口分流量减少的比例为 35%，而荆江径流量偏少导致荆江三口分流量减少的比例为65%。

**表2.3-7　2003—2012年三峡水库调蓄对荆江三口分流量影响统计表**

| 年份 | 松滋口年径流量/亿 $m^3$ | | 太平口年径流量/亿 $m^3$ | | 藕池口年径流量/亿 $m^3$ | | 三口总径流量/亿 $m^3$ | | 实测－计算/亿 $m^3$ |
|---|---|---|---|---|---|---|---|---|---|
| | 实测 | 计算 | 实测 | 计算 | 实测 | 计算 | 实测 | 计算 | |
| 2003 | 326.2 | 351.4 | 107.7 | 113.1 | 140 | 144 | 573.8 | 608.4 | －34.5 |
| 2004 | 310 | 311.3 | 103.4 | 103.5 | 109.4 | 108.4 | 521.8 | 522.2 | －0.4 |
| 2005 | 376.7 | 376.4 | 122.5 | 124.1 | 144.6 | 141.2 | 643.8 | 641.7 | 2.1 |
| 2006 | 119.2 | 146.8 | 34.3 | 42.8 | 29.1 | 33.6 | 182.6 | 223.2 | －40.6 |
| 2007 | 317.9 | 325.5 | 99.7 | 103.5 | 126 | 134.2 | 543.6 | 563.2 | －19.6 |
| 2008 | 313.2 | 339.4 | 98.7 | 106.9 | 116.9 | 129.6 | 528.7 | 575.9 | －47.2 |
| 2009 | 263.4 | 292.9 | 86.7 | 97.1 | 94.7 | 108.5 | 444.9 | 498.4 | －53.6 |
| 2010 | 321.9 | 361.5 | 107 | 120.6 | 137.1 | 160.3 | 566 | 642.3 | －76.3 |
| 2011 | 186.5 | 239.5 | 47.9 | 61.4 | 44.7 | 61.3 | 279.1 | 362.2 | －83.1 |
| 2012 | 255.0 | 327.5 | 65.5 | 84.0 | 61.1 | 83.8 | 381.6 | 495.3 | －113.6 |
| 平均 | 279.0 | 307.2 | 87.3 | 95.7 | 100.4 | 110.5 | 466.6 | 513.3 | －46.7 |

**2. 第二阶段2013—2018年**

为计算分流比变化对荆江三口分流的影响，在计算2013—2018年分流量变化时再分为两种情况：一是利用2003—2012年的三口分流能力和2013—2018年荆江实际径流过程，计算分流能力不变条件下的三口分流量，并与2013—2018年实测三口分流量做对比，用以分析三口分流能力变化对第二阶段三口分流量的影响（见表2.3-8）；二是计算2013—2018年各年份荆江三口不受三峡调蓄天然情况下分流量（计算值），并与实测分流量（实测值）对比（见表2.3-9）。

**表 2.3-8 2013—2018 年三口分流能力变化对荆江三口分流量影响统计表**

| 年份 | 松滋口年径流量/亿 $m^3$ | | 太平口年径流量/亿 $m^3$ | | 藕池口年径流量/亿 $m^3$ | | 三口总径流量/亿 $m^3$ | | 实测−计算/亿 $m^3$ |
|---|---|---|---|---|---|---|---|---|---|
| | 实测 | 计算 | 实测 | 计算 | 实测 | 计算 | 实测 | 计算 | |
| 2013 | 205.9 | 207.9 | 52.9 | 53.4 | 49.3 | 49.8 | 308.1 | 311.2 | −3.1 |
| 2014 | 251.6 | 255.3 | 64.6 | 65.6 | 60.3 | 61.2 | 376.4 | 382.1 | −5.6 |
| 2015 | 216.3 | 220.1 | 55.5 | 56.5 | 51.8 | 52.8 | 323.6 | 329.5 | −5.8 |
| 2016 | 233.6 | 235.7 | 60.0 | 60.5 | 56.0 | 56.5 | 349.5 | 352.7 | −3.1 |
| 2017 | 241.9 | 243.8 | 62.1 | 62.6 | 58.0 | 58.4 | 361.9 | 364.8 | −2.9 |
| 2018 | 259.2 | 262.3 | 66.6 | 67.4 | 62.1 | 62.9 | 387.8 | 392.5 | −4.7 |
| 平均 | 234.7 | 237.5 | 60.3 | 61.0 | 56.3 | 56.9 | 351.2 | 355.5 | −4.2 |

**表 2.3-9 2013—2018 年三峡水库调蓄对荆江三口分流量影响统计表**

| 年份 | 松滋口年径流量/亿 $m^3$ | | 太平口年径流量/亿 $m^3$ | | 藕池口年径流量/亿 $m^3$ | | 三口总径流量/亿 $m^3$ | | 实测−计算/亿 $m^3$ |
|---|---|---|---|---|---|---|---|---|---|
| | 实测 | 计算 | 实测 | 计算 | 实测 | 计算 | 实测 | 计算 | |
| 2013 | 205.9 | 264.4 | 52.9 | 67.8 | 49.3 | 67.7 | 308.1 | 399.8 | −91.7 |
| 2014 | 251.6 | 323.0 | 64.6 | 82.8 | 60.3 | 82.7 | 376.4 | 488.5 | −112.1 |
| 2015 | 216.3 | 277.7 | 55.5 | 71.2 | 51.8 | 71.1 | 323.6 | 420.0 | −96.4 |
| 2016 | 233.6 | 299.9 | 60.0 | 76.9 | 56.0 | 76.8 | 349.5 | 453.6 | −104.1 |
| 2017 | 241.9 | 310.6 | 62.1 | 79.6 | 58.0 | 79.5 | 361.9 | 469.7 | −107.8 |
| 2018 | 259.2 | 332.8 | 66.6 | 85.3 | 62.1 | 85.2 | 387.8 | 503.3 | −115.5 |
| 平均 | 234.7 | 301.4 | 60.3 | 77.3 | 56.3 | 77.1 | 351.2 | 455.8 | −104.6 |

2013—2018 年荆江三口年均分流量相比 1999—2002 年减少了 163.5 亿 $m^3$，其中三峡水库调蓄导致减少量为 104 亿 $m^3$，占总减少量的 63%，三口分流能力下降导致减少量为 4.2 亿 $m^3$，占总减少量的 2.5%，荆江干流径流量减少占 34.5%。

## 2.4 城陵矶与洞庭湖区水位变化耦合关系分析

### 2.4.1 城陵矶与洞庭湖区水位变化关系

根据水文测站分布及资料情况，选择城陵矶（洞庭湖出口）、小河咀（西洞庭湖）、鹿角（东洞庭湖）、杨柳潭（南洞庭湖）等4站作为洞庭湖区水位变化分析代表站。根据湖区各站实测水位资料，分析洞庭湖区不同时段各站水位变化特征。

**1. 城陵矶站**

以2003年为统计时间的分界点，分别统计1960—2002年和2003—2019年城陵矶站各个时段平均水位变化，详见表2.4-1、图2.4-1。可以看出，与1960—2002年相比较，2003—2019年城陵矶站12月至次年6月平均水位有所上升，7—11月平均水位有所下降，9—10月平均水位有所降低，降低约1.6m，各月水位变化中，10月变化幅度最大，7月变化幅度最小。

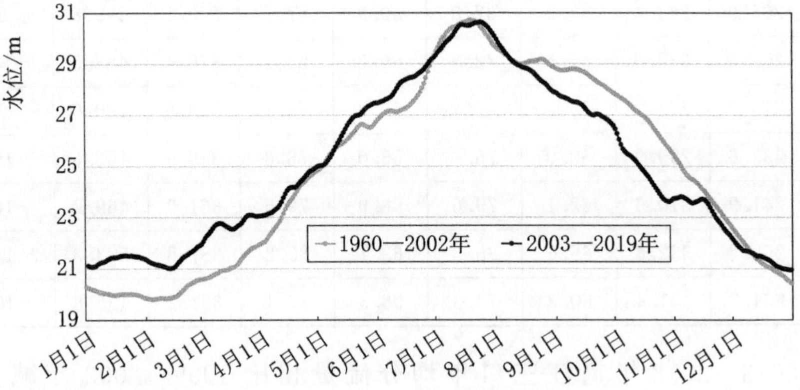


图2.4-1 三峡水库蓄水运用前后城陵矶站多年平均日水位对比

表 2.4－1　　城陵矶站水位时段变化统计表

| 项　目 | 1月 | 2月 | 3月 | 4月 | 5月 | 6月 | 7月 | 8月 | 9月 | 10月 | 11月 | 12月 | 9—10月 | 年 |
|---|---|---|---|---|---|---|---|---|---|---|---|---|---|---|
| 1960—2002年水位均值/m | 20.04 | 20.04 | 21.15 | 23.43 | 25.99 | 27.59 | 30.30 | 29.16 | 28.51 | 26.81 | 24.00 | 21.34 | 27.64 | 24.89 |
| 2003—2019年水位均值/m | 21.36 | 21.31 | 22.69 | 23.95 | 26.36 | 28.28 | 30.25 | 28.82 | 27.26 | 24.78 | 23.31 | 21.42 | 26.00 | 25.01 |
| 水位变化值/m | 1.32 | 1.27 | 1.54 | 0.51 | 0.38 | 0.69 | −0.05 | −0.33 | −1.24 | −2.03 | −0.70 | 0.09 | −1.64 | 0.12 |

表 2.4－2　　小河咀站水位时段变化统计表

| 项　目 | 1月 | 2月 | 3月 | 4月 | 5月 | 6月 | 7月 | 8月 | 9月 | 10月 | 11月 | 12月 | 9—10月 | 年 |
|---|---|---|---|---|---|---|---|---|---|---|---|---|---|---|
| 1960—2002年水位均值/m | 28.60 | 28.76 | 29.15 | 29.87 | 30.62 | 31.22 | 32.22 | 31.31 | 30.89 | 30.13 | 29.45 | 28.78 | 30.50 | 30.09 |
| 2003—2019年水位均值/m | 28.64 | 28.65 | 29.17 | 29.57 | 30.45 | 31.12 | 31.87 | 30.60 | 29.96 | 29.04 | 28.85 | 28.50 | 29.49 | 29.71 |
| 水位变化值/m | 0.04 | −0.11 | 0.03 | −0.30 | −0.17 | −0.11 | −0.35 | −0.71 | −0.94 | −1.09 | −0.59 | −0.28 | −1.01 | −0.38 |

**2. 小河咀站**

以 2003 年为统计时间的分界点，分别统计 1960—2002 年和 2003—2019 年小河咀站各个时段平均水位变化，详见表 2.4-2、图 2.4-2。可以看出，与 1960—2002 年相比较，2003—2019 年小河咀站 1 月和 3 月平均水位有所上升，其余月份平均水位有所下降，9—10 月平均水位有所降低，降低约 1.01m，各月水位变化中，10 月变化幅度最大，3 月变化幅度最小。

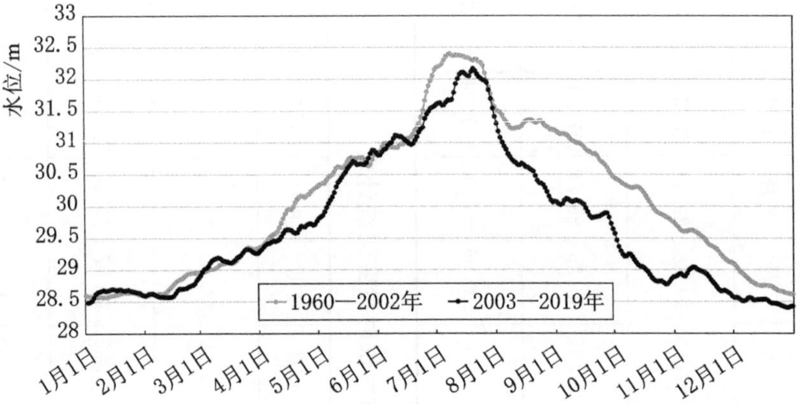


图 2.4-2　三峡水库蓄水运用前后小河咀站多年平均日水位对比

**3. 鹿角站**

以 2003 年为统计时间的分界点，分别统计 1960—2002 年和 2003—2019 年鹿角站各个时段月平均水位变化，详见表 2.4-3、图 2.4-3。可以看出，与 1960—2002 年相比较，2003—2019 年鹿角站 1—6 月平均水位有所上升（4 月除外），其余月份平均水位有所下降，9—10 月平均水位有所降低，降低约 1.63m，各月水位变化中，10 月变化幅度最大，5 月变化幅度最小。

**4. 杨柳潭站**

以 2003 年为统计时间的分界点，分别统计 1960—2002 年和 2003—2019 年杨柳潭站各个时段平均水位变化，详见表 2.4-4、图 2.4-4。可以看出，与 1960—2002 年相比较，2003—2019 年杨柳潭站

表 2.4-3　　鹿角站水位时段变化统计

| 项　目 | 1月 | 2月 | 3月 | 4月 | 5月 | 6月 | 7月 | 8月 | 9月 | 10月 | 11月 | 12月 | 9—10月 | 年 |
|---|---|---|---|---|---|---|---|---|---|---|---|---|---|---|
| 1960—2002年水位均值/m | 21.66 | 22.11 | 23.27 | 25.11 | 26.86 | 28.10 | 30.55 | 29.38 | 28.72 | 27.07 | 24.55 | 22.39 | 27.88 | 25.84 |
| 2003—2019年水位均值/m | 22.28 | 22.35 | 23.85 | 24.93 | 27.01 | 28.72 | 30.46 | 29.04 | 27.49 | 25.06 | 23.78 | 22.13 | 26.25 | 25.61 |
| 水位变化值/m | 0.62 | 0.24 | 0.58 | −0.18 | 0.15 | 0.62 | −0.09 | −0.34 | −1.23 | −2.01 | −0.77 | −0.26 | −1.63 | −0.22 |

表 2.4-4　　杨柳潭站水位时段变化统计表

| 项　目 | 1月 | 2月 | 3月 | 4月 | 5月 | 6月 | 7月 | 8月 | 9月 | 10月 | 11月 | 12月 | 9—10月 | 年 |
|---|---|---|---|---|---|---|---|---|---|---|---|---|---|---|
| 1960—2002年水位均值/m | 27.74 | 27.93 | 28.32 | 28.91 | 29.55 | 30.10 | 31.38 | 30.36 | 29.88 | 28.95 | 28.36 | 27.86 | 29.41 | 29.12 |
| 2003—2019年水位均值/m | 27.87 | 27.94 | 28.38 | 28.72 | 29.49 | 30.18 | 31.11 | 29.89 | 29.12 | 28.09 | 27.98 | 27.67 | 28.60 | 28.88 |
| 水位变化值/m | 0.13 | 0.01 | 0.05 | −0.19 | −0.07 | 0.08 | −0.27 | −0.47 | −0.76 | −0.86 | −0.37 | −0.19 | −0.81 | −0.24 |

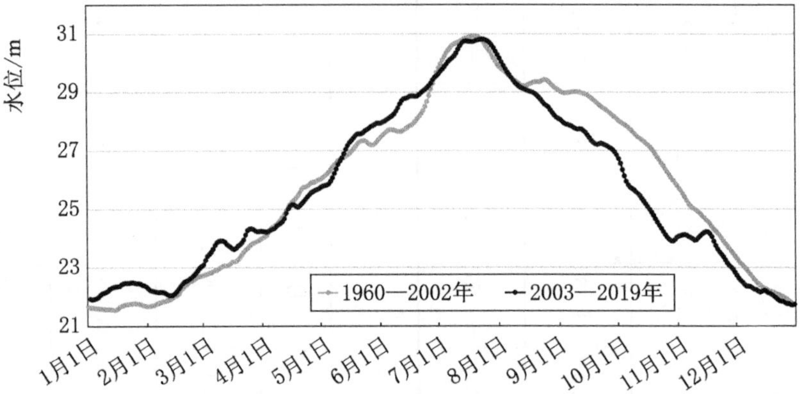


图 2.4-3 三峡水库蓄水运用前后鹿角站多年平均日水位对比

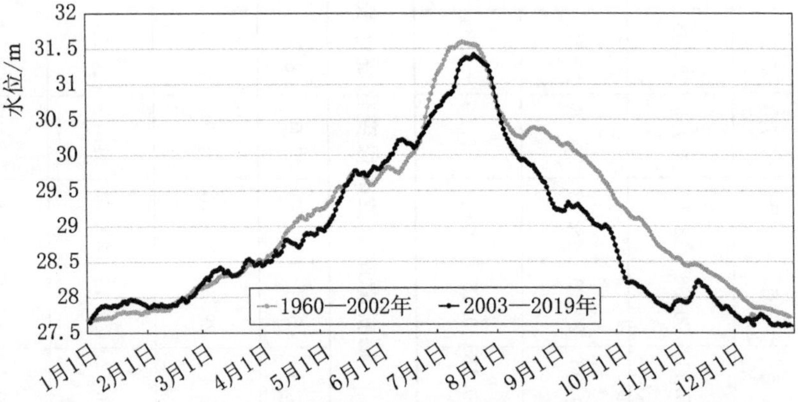


图 2.4-4 三峡水库蓄水运用前后杨柳潭站多年平均日水位对比

1—3 月和 5—6 月平均水位有所上升，其余月份平均水位有所下降，9—10 月平均水位有所降低，降低约 0.81m，各月水位变化中，10 月变化幅度最大，2 月变化幅度最小。

**5. 小结**

根据湖区各站实测水位资料，洞庭湖区各代表站不同统计时段年、月平均水位变化统计见表 2.4-5。与 2002 年以前相比，洞庭湖出口城陵矶站 2002—2017 年多年平均水位上升了 0.23m；年最高水位出现在 7 月，最低水位出现在 12 月至次年 2 月；1—6 月、12 月平均水位抬高

表 2.4-5 洞庭湖区各代表站不同统计时段年、月平均水位变化统计表

| 站点 | 时段 | 水位/m | | | | | | | | | | | | |
|---|---|---|---|---|---|---|---|---|---|---|---|---|---|---|
| | | 1月 | 2月 | 3月 | 4月 | 5月 | 6月 | 7月 | 8月 | 9月 | 10月 | 11月 | 12月 | 年平均 |
| 城陵矶 | 1953—2002年① | 19.88 | 19.94 | 21.02 | 23.32 | 25.96 | 27.59 | 30.24 | 29.21 | 28.45 | 26.59 | 23.85 | 21.17 | 24.79 |
| | 2003—2017年 | 21.27 | 21.25 | 22.57 | 23.91 | 26.30 | 28.20 | 30.00 | 28.81 | 27.43 | 24.86 | 23.38 | 21.50 | 24.98 |
| | 2008—2017年② | 21.35 | 21.23 | 22.44 | 24.21 | 26.43 | 28.30 | 30.07 | 28.90 | 27.06 | 24.66 | 23.64 | 21.63 | 25.01 |
| | 变化②－① | 1.47 | 1.29 | 1.43 | 0.89 | 0.47 | 0.71 | －0.17 | －0.31 | －1.40 | －1.93 | －0.21 | 0.46 | 0.23 |
| 鹿角 | 1988—2002年① | 22.26 | 22.79 | 23.99 | 25.53 | 26.95 | 28.55 | 31.29 | 30.14 | 28.98 | 26.91 | 24.52 | 22.49 | 26.22 |
| | 2003—2017年 | 22.19 | 22.28 | 23.74 | 24.90 | 26.94 | 28.64 | 30.37 | 29.02 | 27.66 | 25.15 | 23.87 | 22.22 | 25.60 |
| | 2008—2017年② | 22.20 | 22.12 | 23.53 | 25.15 | 27.03 | 28.73 | 30.51 | 29.11 | 27.30 | 24.99 | 24.18 | 22.42 | 25.62 |
| | 变化②－① | －0.06 | －0.68 | －0.46 | －0.39 | 0.08 | 0.18 | －0.77 | －1.03 | －1.68 | －1.92 | －0.34 | －0.08 | －0.59 |
| 杨柳潭 | 1988—2002年① | 27.89 | 28.13 | 28.55 | 29.01 | 29.52 | 30.30 | 32.05 | 30.96 | 30.09 | 28.76 | 28.23 | 27.81 | 29.28 |
| | 2003—2017年 | 27.84 | 27.91 | 28.35 | 28.72 | 29.45 | 30.14 | 31.04 | 29.89 | 29.21 | 28.12 | 28.02 | 27.68 | 28.87 |
| | 2008—2017年② | 27.82 | 27.83 | 28.20 | 28.78 | 29.39 | 30.14 | 31.12 | 29.89 | 29.01 | 28.14 | 28.13 | 27.73 | 28.85 |
| | 变化②－① | －0.07 | －0.30 | －0.35 | －0.23 | －0.14 | －0.15 | －0.93 | －1.08 | －1.09 | －0.62 | －0.09 | －0.08 | －0.43 |
| 小河咀 | 1952—2002年① | 28.60 | 28.77 | 29.15 | 29.85 | 30.66 | 31.19 | 32.16 | 31.39 | 30.95 | 30.16 | 29.48 | 28.81 | 30.10 |
| | 2003—2017年 | 28.60 | 28.62 | 29.14 | 29.58 | 30.41 | 31.07 | 31.82 | 30.61 | 30.04 | 29.09 | 28.89 | 28.50 | 29.70 |
| | 2008—2017年② | 28.53 | 28.52 | 29.01 | 29.66 | 30.35 | 31.10 | 31.86 | 30.63 | 29.92 | 29.10 | 29.01 | 28.50 | 29.69 |
| | 变化②－① | －0.07 | －0.25 | －0.15 | －0.19 | －0.31 | －0.09 | －0.30 | －0.77 | －1.02 | －1.05 | －0.47 | －0.31 | －0.41 |

了 0.46～1.47m，其中 1 月增幅最大，7—11 月平均水位降低了 0.17～1.93m，其中 10 月降幅最大；逐日平均水位 1—3 月抬高较明显，9—10 月降低明显；年最高水位无明显变化，年最低水位呈抬高趋势。城陵矶以上的洞庭湖区，受天然径流减少、河道冲刷和水库调度运用等影响，各站年均水位都有不同程度降低；从年内变化来看，受三峡等水库蓄水影响，7—10 月洞庭湖区各站水位降低明显，且以东洞庭湖营田—鹿角—城陵矶一线降幅最大；东洞庭湖水位降低幅度最大均出现在 10 月，南洞庭湖、西洞庭湖水位降幅最大出现在 8 月、9 月；在三峡水库 1—4 月补水期、5—6 月预泄期对下游的补水作用下，城陵矶站的水位表现为抬高，鹿角站 5—6 月水位也有抬升，但湖区其余各站的水位却表现为降低。

总的来看，城陵矶站水位变化受洞庭湖出湖流量、长江干流城陵矶至汉口河段冲淤和顶托等多种因素影响。已有研究认为三峡水库蓄水运用后，城陵矶至汉口河段整体冲刷，同流量级下螺山水位略有下降，下降幅度在 0.3m 以内，而城陵矶站水位相比蓄水前存在较大波动的原因，主要是洞庭湖出流和长江干流水位顶托。

(1) 对于洞庭湖出流。2.2.1 节中讨论了洞庭湖出流变化特征，其中较运用前，城陵矶（七里山）站 2003—2019 年多年平均径流量偏少 420.0 亿 $m^3$，变化幅度为 14.7%，9—10 月多年平均径流量偏少 200.9 亿 $m^3$，变化幅度为 37.2%，从各个月变化幅度来看，10 月变化幅度最大，径流量变化幅度在 −41.8%～−33.7%，12 月至次年 3 月径流量有所增加，这与洞庭湖入流的变化趋势基本保持一致，可见，洞庭湖入流是洞庭湖出流年径流和径流过程的主要决定因素，城陵矶站水位的变化主要与洞庭湖出流流量相关。

(2) 对于长江干流水位顶托。一般认为洞庭湖高水位“湖相”时，同时期长江干流位于汛期高水位，对洞庭湖出流和城陵矶水位的顶托作用最为显著。三峡水库蓄水运用后长江干流年内径流过程改变，特别是 9—10 月蓄水期导致干流水位显著下降，进而影响洞庭湖与长江干流的水位顶托关系，方春明等（2014）研究认为三峡水库蓄水期拦蓄作用引起干流水位下降的同时，削弱了干流对洞庭湖的顶托作用，使得洞庭湖9—10月出流过程发生较大变化，按照三峡水库调度规则，在9月上旬左右洞庭湖出流相比天然状态下增加约29亿 $m^3$，提前由“湖相”进入“河相”，相比天然状态下提前结束消落期进入枯水期，因此三峡水库蓄水期的后段，洞庭湖基本没有调蓄水量，出湖流量相比天然状态，减少10亿 $m^3$，枯水期提前1个月，是影响洞庭湖水资源量的主要原因。

### 2.4.2 洞庭湖9—11月水位影响因素分析

城陵矶站水位变动影响洞庭湖水资源量，主要发生在三峡水库蓄水期，因此根据洞庭湖代表站城陵矶站蓄水期水位变化情况，采用1960—2002年、2008—2019年的资料进行对比分析，识别9—11月三峡水库蓄水期洞庭湖水文情势影响因素。

**1. 三峡水库蓄泄调度影响分析**

2008—2019年9—11月三峡水库蓄水运用对城陵矶站的水位影响值见表2.4-6。

**表2.4-6 2008—2019年9—11月三峡水库蓄水运用对城陵矶站的水位影响值**

| 年份 | 水位影响值/m | | |
|---|---|---|---|
| | 9月 | 10月 | 11月 |
| 2008 | 0.04 | −1.29 | −1.02 |
| 2009 | −0.5 | −2.57 | −0.5 |
| 2010 | −0.39 | −1.57 | −0.5 |
| 2011 | −1.3 | −1.77 | 0.19 |
| 2012 | −0.59 | −1.95 | 0.01 |
| 2013 | −0.95 | −1.23 | −0.33 |

续表

| 年份 | 水位影响值/m | | |
|---|---|---|---|
| | 9月 | 10月 | 11月 |
| 2014 | −0.37 | −0.77 | 0.03 |
| 2015 | −0.37 | −0.96 | 0.25 |
| 2016 | −1.36 | −2.56 | −0.26 |
| 2017 | −1.17 | −1.04 | 0.05 |
| 2018 | −0.23 | −1.4 | 0.08 |
| 2019 | −0.33 | −0.95 | 0.01 |
| 月平均 | −0.63 | −1.51 | −0.17 |

**2. 除三峡水库以外的长江上中游控制性水库蓄水运用影响分析**

根据蓄水量的大小，以三峡水库蓄/补水量对七里山站水位的影响，按比例（考虑河道槽蓄等，上游水库比例 1∶0.7，中游清江和洞庭湖水系水库比例 1∶1）分析，成果见表 2.4-7。

**表 2.4-7　长江上中游水库蓄/补水运用对城陵矶站水位的影响分析**

| 项　目 | 9月 | 10月 | 11月 |
|---|---|---|---|
| 三峡水库蓄水量/亿 $m^3$ | −88.39 | −82.81 | −2 |
| 三峡水库蓄水对城陵矶站水位影响/m | −0.63 | −1.51 | −0.17 |
| 长江上游控制性水库（除三峡水库外）蓄水量/亿 $m^3$ | −35.23 | 7.41 | 1.83 |
| 长江上游控制性水库（除三峡水库外）蓄水对城陵矶站水位影响/m | −0.23 | 0.12 | 0.14 |
| 清江、洞庭湖水系控制性水库蓄水量/亿 $m^3$ | −16 | −18 | −2 |
| 清江、洞庭湖水系控制性水库蓄水对城陵矶站水位影响/m | −0.11 | −0.33 | −0.20 |
| 上中游控制性水库（除三峡水库外）蓄水运用对城陵矶站水位影响/m | −0.34 | −0.21 | −0.06 |

从表 2.4-7 中可以看出，9 月因上中游控制性水库蓄水量较多，对城陵矶站的水位影响较大；10 月上游水库补水的影响小于清江和洞庭湖水系水库蓄水的影响，整体上上中游水库蓄/补水运用持续拉低了城陵矶水位，但水位降低幅度小于 9 月；11 月上游水库补水的作用进一步加强，上中游水库蓄水量使城陵矶站水位略有降低。

**3. 长江干流河道冲刷影响分析**

根据螺山站 2008—2019 年 9—11 月实测月均流量，利用 1960—2002 年和 2008—2019 年的螺山站水位流量相关关系计算长江干流河道冲刷对螺山站水位的影响，利用 1960—2002 年螺山与城陵矶站水位相关关系计算相应对城陵矶站水位的影响，成果见表 2.4-8。

**表 2.4-8　2008—2019 年 9—11 月长江干流河道冲刷对城陵矶站的水位影响值**

<table>
<tr><th colspan="2">项　目</th><th>9 月</th><th>10 月</th><th>11 月</th></tr>
<tr><td colspan="2">2008—2019 年站螺山站实测流量均值/($m^3/s$)</td><td>24275</td><td>17105</td><td>14895</td></tr>
<tr><td rowspan="2">螺山站水位/m</td><td>依据 1960—2002 年螺山站水位-流量相关关系的计算值</td><td>25.93</td><td>23.58</td><td>22.71</td></tr>
<tr><td>依据 2008—2019 年螺山站水位-流量相关关系的计算值</td><td>25.85</td><td>23.31</td><td>22.41</td></tr>
<tr><td rowspan="2">相应城陵矶站水位/m</td><td rowspan="2">依据 1960—2002 年螺山站—城陵矶站水位相关关系的计算值</td><td>27.01</td><td>24.73</td><td>23.88</td></tr>
<tr><td>26.94</td><td>24.46</td><td>23.58</td></tr>
<tr><td colspan="2">长江干流河道冲刷对城陵矶站水位的影响/m</td><td>−0.07</td><td>−0.25</td><td>−0.30</td></tr>
</table>

综合分析，2008—2019 年城陵矶站 9 月水位降低的影响因素主要包括三峡及上中游水库蓄水影响、河道冲刷及前期江湖槽蓄量减小的影响，两者对城陵矶站 9 月水位降低影响各占一半；10 月水位降低影响主要以三峡及上中游控制性水库蓄水运用为主；11 月水位降低影响主要以河道冲刷影响为主，其次为三峡及上中游控制性水库蓄水运用，

城陵矶站 2008—2019 年 9—11 月水位降低原因分析见表 2.4-9。

**表 2.4-9　城陵矶站 2008—2019 年 9—11 月水位降低原因分析成果**

| 项　目 | | 9 月 | 10 月 | 11 月 |
|---|---|---|---|---|
| 城陵矶站 2008—2019 年水位变化值/m | | −1.93 | −2.44 | −0.56 |
| 三峡水库蓄泄调度 | 影响值/m | −0.63 | −1.51 | −0.17 |
| | 占比/% | 33 | 62 | 30 |
| 除三峡水库以外的上中游控制性水库调度运用 | 影响值/m | −0.34 | −0.21 | −0.06 |
| | 占比/% | 17 | 8 | 10 |
| 长江干流河道冲刷 | 影响值/m | −0.07 | −0.26 | −0.30 |
| | 占比/% | 4 | 11 | 53 |
| 前期江湖槽蓄量减少等其他因素 | 影响值/m | −0.89 | −0.46 | −0.04 |
| | 占比/% | 46 | 19 | 7 |

## 2.5 长江干流九江河段水位变化与鄱阳湖响应关系

鄱阳湖纳五河及区间来水调蓄后经湖口汇入长江，湖区水资源量变化主要由五河入湖和湖口出湖流量共同决定，鄱阳湖湖口由于受到长江干流水位顶托影响，湖口出流的年内过程在不同顶托强度下发生不同变化，进而影响湖区水资源量的年内分布过程。2.2.2 节中，分析了三峡水库蓄水运用后鄱阳湖入湖及出湖径流量，结果显示鄱阳湖出入湖水量无显著变化趋势，故本节主要分析长江干流与鄱阳湖湖口的水位顶托关系。长江干流九江站与鄱阳湖湖口站水位相关关系较好，选取九江站作为长江干流代表站分析。九江河段的水位变化，主要体现在九江河段冲淤引起的同流量级水位变化和三峡水库调蓄引起的年内水位过程变化。

### 2.5.1 九江河段冲淤规律及水位变化特征

分析1991—2016年九江站水位流量关系变化（见表2.5-1），相比于1991—2002年，2003—2016年九江各流量条件下对应的水位都有所下降。根据长江泥沙公报等研究，三峡水库蓄水运用后长江干流九江至湖口段“滩槽均冲”，对比各流量级水位变化，九江流量20000$m^3$/s及以下平均水位降幅在1m左右，而20000$m^3$/s以上平均水位降幅在0.5m左右，且60000$m^3$/s降幅在0.3m左右，可见三峡水库蓄水运用后九江河段冲刷引起的水位下降主要集中在20000$m^3$/s及以下的枯水河槽。

**表2.5-1 1991—2016年九江站同流量级水位变化情况**

| 九江流量/($m^3$/s) | 1991—2002年水位/m（黄海高程） | 2003—2016年水位/m（黄海高程） |
|---|---|---|
| 10000 | 7.87 | 6.81 |
| 20000 | 12.00 | 11.05 |
| 30000 | 14.65 | 14.14 |
| 40000 | 16.53 | 15.85 |
| 50000 | 18.02 | 16.82 |
| 60000 | 19.03 | 18.70 |

### 2.5.2 九江与鄱阳湖区水位变化耦合关系分析

三峡水库蓄水运用前后，鄱阳湖区湖口、星子、都昌及康山等站的月均水位均与九江站月均水位存在一定的相关关系，但相关性越往湖区上游越小。三峡水库蓄水运用后的2003—2018年，这一基本规律得到延续，且康山站的水位与干流段水位相关关系变化不大，而都昌站至湖口站水位与干流段水位的相关性增强，其主要原因可能在于入江水道在采砂活动影响下大幅冲刷下切后，干流对湖泊的顶托效应增强。

根据湖区各站实测水位资料，分析洞庭湖区不同时段各站水位变化特征。

**1. 康山站**

以 2003 年为统计时间的分界点（即三峡水库蓄水运用前后的分界点），分别统计 1960—2002 年和 2003—2019 年各个时段平均水位变化，详见表 2.5－2、图 2.5－1。可以看出，与 1960—2002 年相比较，2003—2019 年康山站 6 月平均水位有小幅度上升，其余月份平均水位有所下降，其中 9—10 月平均水位有所降低，降低约 1.36m。各月水位变化中，10 月变化幅度最大，3 月变化幅度最小。

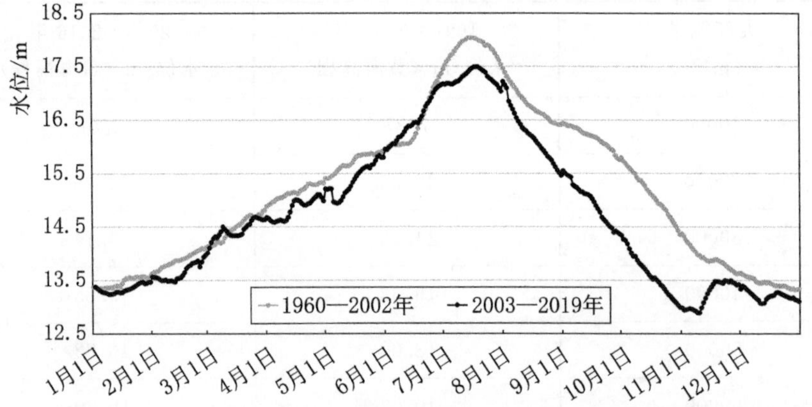


图 2.5－1　三峡水库蓄水运用前后康山站多年平均日水位对比

**2. 都昌站**

以 2003 年为统计时间的分界点，分别统计 1960—2002 年和 2003—2019 年各个时段平均水位变化，详见表 2.5－3、图 2.5－2。可以看出，与 1960—2002 年相比较，2003—2019 年都昌站各月平均水位有所下降，其中 9—10 月平均水位有所降低，降低约 2.06m。各月水位变化中，10 月变化幅度最大，6 月变化幅度最小。

表 2.5-2 康山站水位时段变化统计表

| 项　目 | 1月 | 2月 | 3月 | 4月 | 5月 | 6月 | 7月 | 8月 | 9月 | 10月 | 11月 | 12月 | 9—10月 | 年 |
|---|---|---|---|---|---|---|---|---|---|---|---|---|---|---|
| 1960—2002年水位均值/m | 13.46 | 13.87 | 14.47 | 15.14 | 15.71 | 16.41 | 17.83 | 16.80 | 16.17 | 15.12 | 13.92 | 13.45 | 15.64 | 15.21 |
| 2003—2019年水位均值/m | 13.35 | 13.63 | 14.43 | 14.83 | 15.39 | 16.48 | 17.29 | 16.22 | 14.95 | 13.62 | 13.24 | 13.21 | 14.27 | 14.73 |
| 水位变化值/m | −0.11 | −0.24 | −0.04 | −0.31 | −0.32 | 0.06 | −0.55 | −0.58 | −1.22 | −1.50 | −0.68 | −0.24 | −1.36 | −0.48 |

表 2.5-3 都昌站水位时段变化统计表

| 项　目 | 1月 | 2月 | 3月 | 4月 | 5月 | 6月 | 7月 | 8月 | 9月 | 10月 | 11月 | 12月 | 9—10月 | 年 |
|---|---|---|---|---|---|---|---|---|---|---|---|---|---|---|
| 1960—2002年水位均值/m | 10.54 | 11.14 | 12.25 | 13.65 | 14.91 | 15.94 | 17.78 | 16.65 | 15.94 | 14.65 | 12.47 | 10.80 | 15.29 | 13.91 |
| 2003—2019年水位均值/m | 9.57 | 10.24 | 11.68 | 12.57 | 14.09 | 15.93 | 17.09 | 15.94 | 14.36 | 12.14 | 10.80 | 9.65 | 13.23 | 12.86 |
| 水位变化值/m | −0.97 | −0.91 | −0.57 | −1.08 | −0.81 | −0.01 | −0.69 | −0.70 | −1.58 | −2.51 | −1.67 | −1.15 | −2.06 | −1.06 |

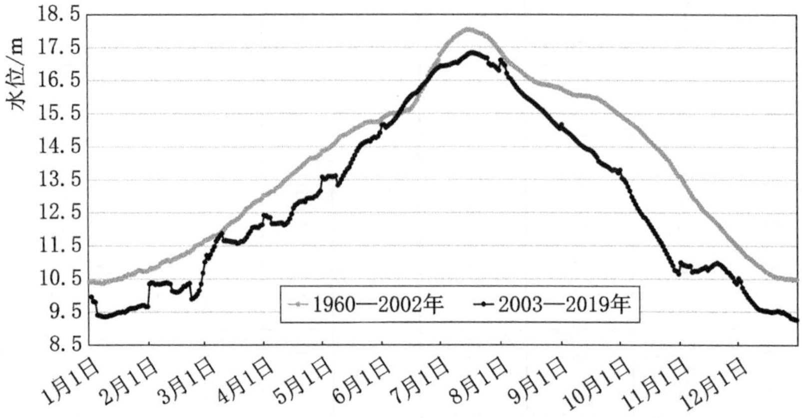


图 2.5-2 都昌站三峡水库蓄水运用前后多年平均日水位对比

**3. 星子站**

以 2003 年为统计时间的分界点，分别统计 1960—2002 年和 2003—2019 年各个时段平均水位变化，详见表 2.5-4、图 2.5-3。可以看出，与 1960—2002 年相比较，2003—2019 年星子站各月平均水位有所下降，其中 9—10 月平均水位有所降低，降低约 2.07m。各月水位变化中，10 月变化幅度最大，6 月变化幅度最小。

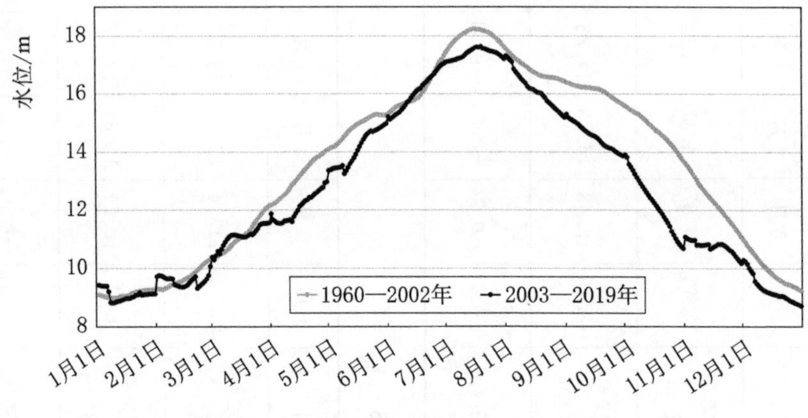


图 2.5-3 星子站三峡水库蓄水运用前后多年平均日水位对比

表 2.5－4 星子站水位时段变化统计表

| 项　目 | 1月 | 2月 | 3月 | 4月 | 5月 | 6月 | 7月 | 8月 | 9月 | 10月 | 11月 | 12月 | 9—10月 | 年 |
|---|---|---|---|---|---|---|---|---|---|---|---|---|---|---|
| 1960—2002年水位均值/m | 9.11 | 9.66 | 11.12 | 13.11 | 14.84 | 16.06 | 17.98 | 16.83 | 16.10 | 14.78 | 12.33 | 9.93 | 15.43 | 13.51 |
| 2003—2019年水位均值/m | 9.09 | 9.55 | 11.07 | 12.10 | 14.09 | 16.04 | 17.37 | 16.14 | 14.52 | 12.23 | 10.74 | 9.27 | 13.36 | 12.70 |
| 水位变化值/m | −0.02 | −0.12 | −0.05 | −1.01 | −0.75 | −0.02 | −0.61 | −0.69 | −1.58 | −2.54 | −1.59 | −0.66 | −2.07 | −0.81 |

表 2.5－5 鄱阳站水位时段变化统计表

| 项　目 | 1月 | 2月 | 3月 | 4月 | 5月 | 6月 | 7月 | 8月 | 9月 | 10月 | 11月 | 12月 | 9—10月 | 年 |
|---|---|---|---|---|---|---|---|---|---|---|---|---|---|---|
| 1960—2002年水位均值/m | 13.75 | 14.08 | 14.59 | 15.31 | 15.88 | 16.58 | 17.99 | 16.99 | 16.35 | 15.24 | 14.09 | 13.73 | 15.79 | 15.39 |
| 2003—2019年水位均值/m | 13.79 | 14.08 | 14.70 | 15.08 | 15.68 | 16.68 | 17.32 | 16.36 | 15.30 | 14.06 | 13.81 | 13.71 | 14.67 | 15.06 |
| 水位变化值/m | 0.04 | 0.01 | 0.11 | −0.23 | −0.20 | 0.10 | −0.67 | −0.63 | −1.05 | −1.18 | −0.28 | −0.02 | −1.12 | −0.34 |

**4. 鄱阳站**

以 2003 年为统计时间的分界点，分别统计 1960—2002 年和 2003—2019 年各个时段平均水位变化，详见表 2.5－5、图 2.5－4。可以看出，与 1960—2002 年相比较，鄱阳站 1—3 月平均水位有所增加，其余各个月份平均水位有所下降，其中 9—10 月平均水位有所降低，降低约 1.12m。各月水位变化中，10 月变化幅度最大，2 月变化幅度最小。

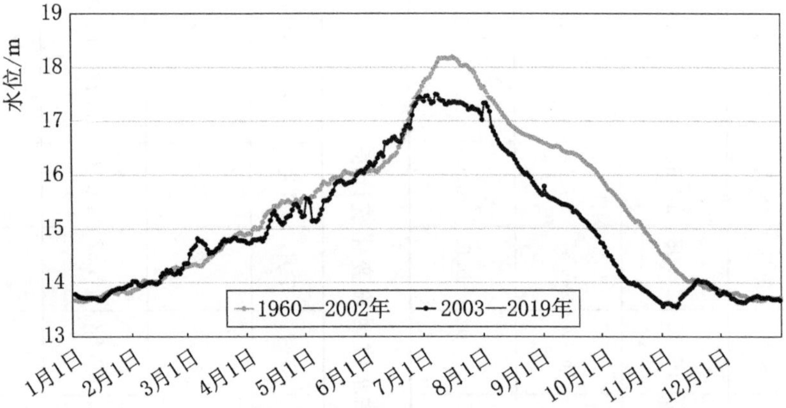


图 2.5－4 鄱阳站三峡水库蓄水运用前后多年平均日水位对比

**5. 湖口站**

以 2003 年为统计时间的分界点，分别统计 1960—2002 年和 2003—2019 年各个时段平均水位变化，详见表 2.5－6、图 2.5－5。可以看出，与 1960—2002 年相比较，2003—2019 年湖口站 6 月平均水位有所增加，其余各个月份平均水位有所下降，其中 9—10 月平均水位有所降低，降低约 2.12m。各月水位变化中，10 月变化幅度最大，6 月变化幅度最小。

鄱阳湖区各代表站不同统计时段年、月平均水位变化统计见表 2.5－7。三峡水库蓄水运用后 2003—2018 年相对于蓄水前的 1988—2002 年，长江干流九江站及鄱阳湖区的湖口、星子、都昌及康山等站的

表 2.5-6　　湖口站水位时段变化统计表

| 项　目 | 1月 | 2月 | 3月 | 4月 | 5月 | 6月 | 7月 | 8月 | 9月 | 10月 | 11月 | 12月 | 9—10月 | 年 |
|---|---|---|---|---|---|---|---|---|---|---|---|---|---|---|
| 1960—2002年水位均值/m | 8.04 | 8.18 | 9.65 | 12.11 | 14.46 | 15.85 | 17.91 | 16.76 | 16.01 | 14.61 | 12.09 | 9.36 | 15.29 | 12.94 |
| 2003—2019年水位均值/m | 8.60 | 8.68 | 10.49 | 11.66 | 13.76 | 15.86 | 17.29 | 16.01 | 14.29 | 12.09 | 10.44 | 8.93 | 13.17 | 12.36 |
| 水位变化值/m | 0.56 | 0.50 | 0.83 | −0.45 | −0.70 | 0.01 | −0.62 | −0.75 | −1.72 | −2.52 | −1.65 | −0.43 | −2.12 | −0.58 |

表 2.5-7　　鄱阳湖区各代表站不同统计时段年、月平均水位变化统计表

| 统计项 | 控制站 | 时段 | 1月 | 2月 | 3月 | 4月 | 5月 | 6月 | 7月 | 8月 | 9月 | 10月 | 11月 | 12月 |
|---|---|---|---|---|---|---|---|---|---|---|---|---|---|---|
| 月均水位/m | 九江 | 1988—2002年 | 9.54 | 9.76 | 11.12 | 13.18 | 14.96 | 16.64 | 19.17 | 17.97 | 17 | 14.98 | 12.62 | 10.33 |
| | | 2003—2018年 | 9.24 | 9.31 | 10.89 | 12.16 | 14.27 | 16.27 | 17.71 | 16.54 | 15.08 | 12.9 | 11.27 | 9.75 |
| | | 变幅 | −0.3 | −0.45 | −0.23 | −1.02 | −0.69 | −0.37 | −1.46 | −1.43 | −1.92 | −2.08 | −1.35 | −0.58 |
| | 湖口 | 1988—2002年 | 8.65 | 8.94 | 10.43 | 12.62 | 14.4 | 16.08 | 18.62 | 17.35 | 16.36 | 14.26 | 11.81 | 9.43 |
| | | 2003—2018年 | 8.49 | 8.6 | 10.3 | 11.61 | 13.71 | 15.77 | 17.17 | 15.98 | 14.46 | 12.22 | 10.53 | 9.02 |
| | | 变幅 | −0.16 | −0.34 | −0.13 | −1.01 | −0.69 | −0.31 | −1.45 | −1.37 | −1.9 | −2.04 | −1.28 | −0.41 |
| | 星子 | 1988—2002年 | 9.78 | 10.3 | 11.66 | 13.59 | 14.77 | 16.28 | 18.71 | 17.43 | 16.48 | 14.42 | 12.14 | 10.14 |
| | | 2003—2018年 | 8.87 | 9.06 | 10.86 | 12.11 | 13.98 | 15.96 | 17.24 | 16.09 | 14.57 | 12.37 | 10.72 | 9.33 |
| | | 变幅 | −0.91 | −1.24 | −0.8 | −1.38 | −0.79 | −0.32 | −1.47 | −1.34 | −1.91 | −2.05 | −1.42 | −0.81 |

续表

| 统计项 | 控制站 | 时段 | 1月 | 2月 | 3月 | 4月 | 5月 | 6月 | 7月 | 8月 | 9月 | 10月 | 11月 | 12月 |
|---|---|---|---|---|---|---|---|---|---|---|---|---|---|---|
| 月均水位/m | 都昌 | 1988—2002年 | 11.08 | 11.62 | 12.62 | 13.97 | 14.91 | 16.23 | 18.52 | 17.29 | 16.39 | 14.34 | 12.37 | 11.08 |
| | | 2003—2018年 | 9.47 | 9.78 | 11.49 | 12.57 | 14.02 | 15.85 | 17.04 | 15.91 | 14.43 | 12.29 | 10.79 | 9.75 |
| | | 变幅 | −1.61 | −1.84 | −1.13 | −1.4 | −0.89 | −0.38 | −1.48 | −1.38 | −1.96 | −2.05 | −1.58 | −1.33 |
| | 康山 | 1988—2002年 | 13.69 | 14.03 | 14.62 | 15.28 | 15.66 | 16.61 | 18.6 | 17.46 | 16.71 | 14.91 | 13.94 | 13.59 |
| | | 2003—2018年 | 13.18 | 13.55 | 14.41 | 14.83 | 15.35 | 16.43 | 17.18 | 16.19 | 15.09 | 13.76 | 13.5 | 13.3 |
| | | 变幅 | −0.51 | −0.58 | −0.21 | −0.45 | −0.31 | −0.18 | −1.42 | −1.27 | −1.62 | −1.15 | −0.54 | −0.29 |
| 月均流量/($m^3$/s) | 九江 | 1988—2002年 | 9900 | 10200 | 13200 | 18100 | 25000 | 31400 | 46500 | 39800 | 35000 | 26000 | 18300 | 11800 |
| | | 2003—2018年 | 11200 | 11200 | 14200 | 17600 | 24500 | 31100 | 40300 | 34400 | 29900 | 21500 | 16800 | 12200 |
| | | 变幅 | 1300 | 1000 | 1000 | −500 | −500 | −300 | −6200 | −5400 | −5100 | −4500 | −1500 | 400 |
| | 湖口 | 1988—2002年 | 2490 | 3120 | 5100 | 7700 | 7750 | 8820 | 7570 | 6100 | 5640 | 4320 | 3220 | 2480 |
| | | 2003—2018年 | 2360 | 2730 | 5040 | 6240 | 7330 | 9100 | 5780 | 5280 | 3700 | 3230 | 2730 | 2690 |
| | | 变幅 | −130 | −390 | −60 | −1460 | −420 | 280 | −1790 | −820 | −1940 | −1090 | −490 | 210 |
| | 江西五河 | 1988—2002年 | 1820 | 2380 | 4360 | 6070 | 6200 | 8660 | 5560 | 3580 | 2760 | 1790 | 1760 | 1560 |
| | | 2003—2018年 | 1560 | 2020 | 3810 | 4960 | 6350 | 8180 | 4020 | 2530 | 1970 | 1280 | 1870 | 1730 |
| | | 变幅 | −260 | −360 | −550 | −1110 | 150 | −480 | −1540 | −1050 | −790 | −510 | 110 | 170 |

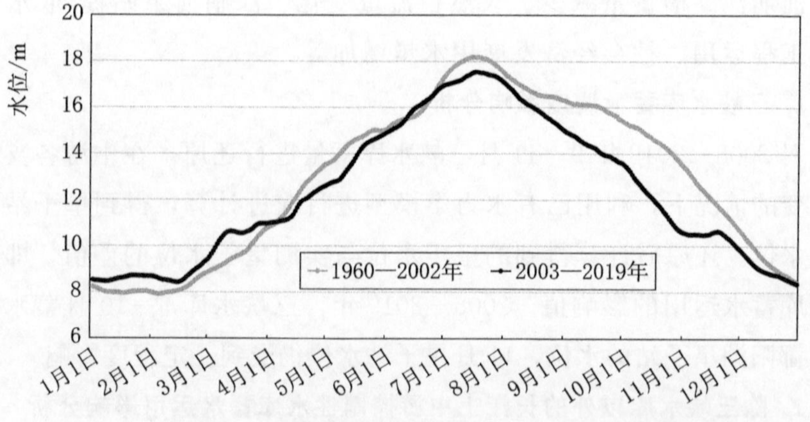


图 2.5-5 湖口站三峡水库蓄水运用前后多年平均日水位对比

月均水位均有所降低，年内总体以 9 月和 10 月的水位降幅偏大，6 月的降幅偏小；全年除 10 月九江站水位降幅最大以外，其他各月份均是都昌站水位降幅最大，星子站非汛期的水位降幅也显著地大于九江站，湖口站水位降幅与长江干流大多相当，康山站各月水位降幅均较都昌和星子站偏小；与湖口站相比，康山站除 1—3 月水位降幅较之偏大以外，其他各月水位降幅均较之偏小。造成长江干流和鄱阳湖水位同期大幅下降的原因主要有干流及鄱阳湖水系的来流量减小，干流及鄱阳湖入江水道河床冲刷下切等两个方面。其中，所处位置不同，各控制站水位下降的主导因素有差异，如九江站水位下降主要集中在 7—11 月，降幅均超过 1m，主要与长江上游来水偏枯及三峡水库 9—11 月蓄水有关，水位因来流量减小而下降；而都昌站水位同时受多重因素的作用，非汛期水位下降主要因流域来流量偏小和入江水道大幅冲刷下切，汛期水位下降主要与干流及流域来流减小有关；相比较而言，康山站的水位变化则主要与流域来水变化有关。

### 2.5.3 鄱阳湖 9—11 月水位影响因素分析

根据以往研究成果，影响鄱阳湖水文情势变化的因素众多，包括三峡及上中游水库蓄泄调度、长江干流河道冲刷、鄱阳湖入江水道下切、前期江湖槽蓄量减少、天然径流量变化、江湖河泵站提/取水、引调水工程运用、社会经济发展用水量增加等。

**1. 三峡水库蓄泄调度影响分析**

对2008—2019年9—11月三峡水库蓄量进行还原，在中游各支流入流不变的情况下，利用已有水力学模型进行演进计算，得到星子站相应时段水位。还原后计算得到的星子水位与实测星子水位的差值，即为三峡水库蓄水运用的影响值。2008—2019年，三峡水库9—10月蓄水期降低了鄱阳湖星子站的水位，11月星子站水位仍受到一定程度影响。

**2. 除三峡水库以外的长江上中游控制性水库蓄水运用影响分析**

上中游干支流控制性水库蓄水运用对鄱阳湖水位的影响，根据蓄水量的大小，以三峡水库蓄/补水量对星子站水位的影响，按比例（考虑河道槽蓄等，上游水库比例1∶0.7，中下游水库比例1∶1）分析。

从表2.5-8中可以看出，星子站水位在9月受上中游控制性水库蓄水运用影响明显；10月，上游水库补水、中游水库蓄水，影响与作用基本相互抵消；11月中游水库蓄水量略大于上游水库补水，星子站水位略有降低。

**表2.5-8　长江上中游水库蓄/补水运用对星子站水位的影响分析**

| 项　目 | 9月 | 10月 | 11月 |
|---|---|---|---|
| 三峡水库蓄水量/亿 $m^3$ | 88.39 | 82.81 | 2.00 |
| 三峡水库蓄水对星子站水位影响/m | −0.62 | −1.08 | −0.07 |
| 长江上游控制性水库（除三峡水库外）蓄水量/亿 $m^3$ | 35.23 | −12.42 | −1.83 |
| 长江上游控制性水库（除三峡水库外）蓄水对星子站水位影响/m | −0.20 | 0.13 | 0.05 |
| 中游控制性水库蓄水量/亿 $m^3$ | 32.28 | 10.21 | 2.62 |
| 中游控制性水库蓄水对星子站水位影响/m | −0.22 | −0.13 | −0.09 |
| 上中游控制性水库（除三峡水库外）蓄水运用对星子站水位影响/m | −0.42 | 0.0 | −0.04 |

### 3. 长江干流河道冲刷影响分析

三峡水库蓄水运用引起的清水下泄、河道冲刷，湖口站低枯水位降低，对星子站水位造成影响。

大通站位于湖口站下游，流量过程包括长江干流和鄱阳湖流量。大通站流量与湖口站水位相关关系能较好地反映长江干流河道冲刷变化对干流河道水位的影响。

根据大通站 2008—2019 年 9—11 月实测月均流量，利用 1960—2002 年和 2008—2019 年的大通站水位流量相关关系、大通与湖口站水位相关关系计算长江干流河道冲刷对湖口站水位的影响，利用 1960—2002 年湖口与星子站水位相关关系计算相应对星子站水位的影响，详见表 2.5-9。

**表 2.5-9 2008—2019 年 9—11 月长江干流河道冲刷对星子站水位影响**

| 项目 | | 9月 | 10月 | 11月 |
|---|---|---|---|---|
| 2008—2019 年大通站实测流量均值/($m^3/s$) | | 32400 | 24930 | 20710 |
| 大通站水位/m（冻结吴淞高程） | 依据 1960—2002 年大通站水位流量相关关系的计算值 | 9.96 | 8.46 | 7.49 |
| | 依据 2008—2019 年大通站水位流量相关关系的计算值 | 9.68 | 8.07 | 7.08 |
| 湖口站水位/m（冻结吴淞高程） | 依据 1960—2002 年大通与湖口站水位相关关系的计算值 | 14.50 | 12.61 | 11.39 |
| | 依据 2008—2019 年年大通与湖口站水位相关关系的计算值 | 14.09 | 12.01 | 10.73 |
| 相应星子站水位/m（冻结吴淞高程） | 依据 1960—2002 年湖口与星子站水位相关关系的计算值 | 14.65 | 12.86 | 11.74 |
| | 依据 2008—2019 年年湖口与星子站水位相关关系的计算值 | 14.26 | 12.30 | 11.14 |
| 长江干流河道冲刷对星子站的水位影响值/m | | −0.39 | −0.56 | −0.60 |

如表 2.5-10 所示，2008—2019 年星子站 9 月水位降低的影响因素主要包括三峡及上中游水库蓄水影响、河道冲刷及前期江湖槽蓄量减小的影响两个，两者影响程度各占一半；10 月水位降低的影响以三峡水库蓄水运用、前期江湖槽蓄量减少等其他因素影响为主；11 月水位降低的影响以河道冲刷影响为主。

**表 2.5-10　星子站 2008—2019 年 9—11 月水位影响因素权重分析成果**

| 项　目 | | 9 月 | 10 月 | 11 月 |
|---|---|---|---|---|
| 2008—2019 年水位变化值/m | | −2.09 | −2.66 | −1.46 |
| 三峡水库蓄泄调度 | 影响值/m | −0.62 | −1.08 | −0.07 |
| | 占比/% | 30 | 41 | 5 |
| 除三峡水库以外的上中游控制性水库调度运用 | 影响值/m | −0.42 | 0 | −0.04 |
| | 占比/% | 20 | 0 | 3 |
| 长江干流河道冲刷 | 影响值/m | −0.39 | −0.56 | −0.6 |
| | 占比/% | 19 | 21 | 41 |
| 鄱阳湖入江水道下切 | 影响值/m | 0 | −0.04 | −0.3 |
| | 占比/% | 0 | 2 | 21 |
| 前期江湖槽蓄量减少等其他因素 | 影响值/m | −0.66 | −0.98 | −0.45 |
| | 占比/% | 32 | 37 | 31 |

## 2.6　小结

本章从长江干流及洞庭湖、鄱阳湖水沙变化趋势入手，根据两湖与长江干流分汇各自特点，分别研究了荆江三口分流特征演变与成因、城陵矶与湖区水位变化耦合关系以及九江河段水位变化与鄱阳湖相应关系，尝试利用长系列最新实测水文数据定量化研究江湖关系变化后两湖湖区水资源量变化的主要影响因素及其比重，为湖区水资源利用情势变化研究奠定基础。本章主要结论如下：

（1）2003—2019年宜昌站年均径流量相比三峡水库蓄水前偏少277亿$m^3$，至大通站相应偏少增至455亿$m^3$，其中宜昌以上干支流偏少量占比达到60.9%，故宜昌以上径流持续偏枯是长江中下游入海径流量减少主要因素。2003—2019年湖南四水径流量较蓄水前没有趋势性变化，因此三口分流水量减少是洞庭湖入湖径流量减少的主要原因，洞庭湖出湖流量基本与入湖流量变化趋势保持一致，且年内过程受干流顶托影响；鄱阳湖出入湖水量无显著变化趋势，长江干流水文情势变化对鄱阳湖水资源量的影响，主要体现在干流水位年内过程变动导致的湖区年内水资源量变化。

（2）三峡水库蓄水运用后荆江三口分流特征呈现两个阶段性变化，2003—2012年荆江三口分流比相比蓄水前变化趋势并不明显，2013—2018年荆江三口分流比开始出现下降趋势。阶段性变化成因：一是荆江三口口门干流河势对三口洪道分流能力有一定影响，且影响方式和程度各不相同，其中李家渡浅滩不发生大幅变化，则松滋口分流分沙比仍将保持相对稳定；随着太平口心滩面积作为太平口口门干流河道冲淤状态的指针，冲刷下移和萎缩说明干流太平口水道持续冲刷，同流量级干流水位下降导致太平口口门分流能力下降；天星洲水道左汊未来进一步冲刷且右汊淤积，淤积位置位于藕池口口门，导致藕池口分流能力进一步减少。三口口门淤积以及干流河段冲刷引起同流量级水位下降是河势演变影响三口分流能力的主要方式，主流轻微摆动以及分流角的变化对三口分流能力影响不大。二是荆江干流河段枯水同流量级水位下降，而中高洪水流量级水位变化趋势不显著。干流同流量级水位特别是中高水位变化不大有利于维持三口分流能力和分流量；而枯水同流量级水位下降对三口分流能力的影响，除了干流河道，也要同时分析三口洪道的枯水位变化，如果两者变幅一致，则说明干流与三口洪道同时冲刷下切，对分流能力的影响不大，如果干流枯水位变幅大于洪道，则分流能力下降，反之则分流能力提高。三是三口洪道枯水冲淤规律存在差异。松滋口洪道2002—2012年与荆江干流冲刷下切幅度基本一致，因此枯水流量级下的分流能力变化不大，2012 年以后冲刷趋势明显弱于干流，枯水流量级下分流能力下降；太平口、藕池口洪道冲刷下切幅度始终弱于干流，该趋势在 2012 年后更加显著，因此，太平口、藕池口枯水流量级下的分流能力是逐渐下降的，主要体现在分流比减小和断流时间的延长。2012 年后干流冲刷加剧是三口分流能力呈现两个阶段变化特征的主要因素。

(3) 荆江三口分流量是由三口洪道分流能力和荆江干流年径流（径流量与径流过程）共同决定。三峡水库蓄水运用后，在分流能力变化不大且水库调蓄作用不显著（未达到 175m 正常蓄水位）的情况下，即 2003—2012 年荆江三口分流量减少由三峡水库调蓄和荆江来流径流量减少共同导致，从比重上来看，水库调蓄作用占荆江三口分流量减少量的 35%，而荆江来流径流量减少占荆江三口分流量减少量的 65%。在分流能力减小且水库调蓄作用显著（正常蓄水 175m）的情况下，即 2013—2018 年三峡水库调蓄导致减少量为 104 亿 $m^3$，占总减少量的 63%，三口分流能力下降导致减少量为 4.2 亿 $m^3$，占总减少量的 2.5%，荆江干流径流量减少占 34.5%。

(4) 城陵矶水位变化受洞庭湖出湖流量、城陵矶至汉口河段冲淤和长江干流顶托等多种因素影响，城陵矶水位相比蓄水前存在较大波动的原因，主要是洞庭湖出流和长江干流水位顶托，且主要体现在 9—11 月。9 月水位降低的影响因素主要包括三峡及上中游水库蓄水影响、河道冲刷及前期江湖槽蓄量减小的影响，两者对城陵矶水位降低的影响各占一半；10 月水位降低的影响，以三峡水库及上中游控制性水库蓄水运用为主；11 月水位降低的影响，以河道冲刷影响为主，其次为三峡水库及上中游控制性水库蓄水运用。

(5) 2003—2016 年九江各流量条件下对应的水位相比三峡水库蓄水前都有所下降。对比各流量级水位变化，九江流量 20000$m^3/s$ 以下平均水位降幅在 1m 以上，而 20000$m^3/s$ 以上平均水位降幅在 0.5m 以下，且 60000$m^3/s$ 降幅在 0.3m 左右，可见三峡水库蓄水运用后九江河段冲刷引起的水位下降主要集中在枯水河槽。星子站 9 月水位降低的影响因素主要包括三峡及上中游水库蓄水影响、河道冲刷及前期江湖槽蓄量减小的影响，两者对星子站水位降低的影响各占一半；10 月水位降低的影响，以三峡水库蓄水运用、前期江湖槽蓄量减少等其他因素影响值为主；11 月水位降低，以河道冲刷影响为主。

3

# 江湖关系变化下两湖水资源利用情势响应及成因分析

本章在梳理分析三峡水库蓄水运用后两湖湖区灌溉供水等用水需求时空变化规律的基础上，结合两湖出入湖径流、湖内可供水量变化趋势，尝试量化分析三峡水库蓄水运用后多因素影响下两湖水资源供需变化的关键胁迫因子，从湖区需水的角度进一步分析湖区水量和水位两者在湖区旱情中的主次作用，量化并给出明确两湖水资源利用的主要限制性因素，以两湖水情要素为载体，综合考虑通江湖泊水文水动力特性的空间异质性和区域水情要素的水力关联性、湖区水资源利用基础设施空间分布情况，构建两湖湖区灌溉及城乡供水安全指标，并以此作为判别标准，剖析不同江湖关系变化情景下两湖湖区灌溉及城乡供水安全形势，分析江湖关系持续变化对湖区灌溉及城乡供水的作用趋势，为针对性提出满足两湖湖区供水灌溉用水需求综合调控方案提供支撑。

# 3.1　江湖水位联动变化下两湖湖区灌溉及城乡供水现状[1]

## 3.1.1　洞庭湖区灌溉及城乡供水现状及问题

### 3.1.1.1　灌溉及城乡供水现状

洞庭湖区跨湖南、湖北两省，其中湖南省洞庭湖区面积约占整个湖区面积的80%，是湖南省农业生产基地，农业产值在全省国民经济中占据了强有力的地位。洞庭湖区有近八千年的农耕文明、一万年的渔业捕捞史，自古就有“鱼米之乡”的美誉，洞庭湖区现有土地面积18780km$^2$，耕地面积1233.11万亩（其中湖南省912.48万亩），总人口1225.34万人（其中湖南省1035.02万人），有效灌溉面积910.4万亩（其中湖南省650.7万亩），是国家重要的粮、棉、油、麻、猪、鱼、禽等多项农产品大型生产基地。洞庭湖区灌溉体系由蓄、引、提水源工程与排灌渠系组成。至2013年年底，洞庭湖区设计灌溉面积为1223.8万亩，有效灌溉面积910.4万亩。

至2013年年底，湖南省洞庭湖区已建成大型灌区10处，其中跨山丘区和湖区的黄材、铁山、柽水、澧阳平原、澬水（湖南、湖北共有）、青山水轮、黄石、桃花江等8处，部分面积在湖区，均已纳入国家大型灌区改造专项规划；纯湖区的大型灌区有汉寿县的岩马、西湖2处，没有纳入国家大型灌区改造专项规划；重点中型灌区52处，一般中型灌区78处。湖南省洞庭湖区总设计灌溉面积871.5万亩，有效灌溉面积650.7万亩，其中水田453.15万亩，旱地197.58万亩。洞庭湖各灌区多为泵站提水、辅以水库和涵闸引水灌溉，共有各类水源工程1494座（处），其中：灌溉水库550座、引水涵闸418处、提水泵站526

[1] 以2013年统计数据分析洞庭湖区灌溉及城乡供水现状，以2018年、2019年统计数据分析鄱阳湖灌溉及城乡供水现状。针对单独的取用水户后期单独调研，时间基本在2019年左右。

处。灌区现状灌溉水利用系数仅0.4～0.5，灌溉保证率55%～70%。

#### 3.1.1.2 存在问题

**1. 灌溉安全问题**

湖区作物需水期主要在灌溉期（5—10月）和春灌期（4月下旬至5月中旬）。此期间降雨偏少，冬小麦灌溉用水，早稻泡田、返青期，蔬菜用水等得不到保障，经常发生春灌缺水的现象。主要表现在：干流中枯水同流量下水位下降，造成涵闸自流引水困难，大部分沿河灌溉涵闸在春灌期间不能正常引水，需要新增配套提灌站提水灌溉；现有提灌泵站扬程增加，机组将不能正常使用，泵站运行时间加长，增加了农业生产成本。

**2. 湖区供水安全问题**

洞庭湖区水资源虽然较丰富，但由于降水时空分布不均匀，加之江湖关系变化，特别是长江三口分流急剧减少的影响，季节性缺水、水质性缺水问题严重。2003年以来，洞庭湖连续多年出现较枯水位，如2009年10月洞庭湖出现低枯水位，湖泊水面平均面积仅为538$km^2$，蓄水量仅为6亿$m^3$，严重影响城乡供水安全。

### 3.1.2 鄱阳湖区灌溉及城乡供水现状及问题

#### 3.1.2.1 灌溉及城乡供水现状

鄱阳湖区是长江中下游五大平原区之一，土地肥沃，耕地成片，是我国重要商品粮基地和江西省的主要产粮区，为江西省水稻、棉花、水产、水禽等产品的传统主产区。湖区现有耕地面积1046万亩，有效灌溉面积763.5万亩，农作物播种面积2057万亩。湖区农业以种植业和养殖业为主，耕地面积、粮食作物播种面积、粮食作物总产量、农业总产值均达江西省总量的1/4左右，油料、棉花产量为全省总量的1/3左右，水产品产量占全省的2/5以上。湖区具有丰富多样的地貌类型和充足的光、热、水资源，适宜于农、林、牧、副、渔业全面发展，具有发展多部门、多种类型的综合性农业的优越条件。

现状鄱阳湖区共建成各类蓄、引、提水工程56293座（处），其中水库工程2783座，兴利库容53.97亿$m^3$，有效灌溉面积279.68万亩；引水工程3039处，现状供水能力10.92亿$m^3$，有效灌溉面积129.60万亩；提水工程8000处，现状供水能力28.05亿$m^3$，有效灌溉面积305.71万亩；塘坝堰42471座，总库容3.24亿$m^3$，有效灌溉面积48.51万亩。

鄱阳湖区灌溉水源工程现状总有效灌溉面积为763.5万亩，但仍有272.5万亩农田由于灌溉水源与灌溉设施等问题得不到有效灌溉或基本无灌溉设施。受湖区地形的影响，鄱阳湖区灌溉主要以提水工程、引水工程和蓄水工程为主，提水工程灌溉面积占总有效灌溉面积的比例达40%。湖区灌溉水源类型均为地表水，现状湖区灌溉水源工程基本上都达不到设计供水能力，不能满足设计灌溉面积的需水要求。

在环鄱阳湖的平原岗地上，耕地成片，农业发达，是湖区耕地集中分布区。环湖农田以种植水稻为主，农田灌溉主要有以下两种形式：一是提水灌溉，为主要灌溉方式，提水水源主要为鄱阳湖水源（包括直接从圩区外提取的湖泊、河道水源和通过沟渠引入圩区内的水源）和圩区内存蓄的沟、塘、河水源；二是自流灌溉，包括流域（区域）上游水库山塘或引水工程自流引水灌溉和引圩区外鄱阳湖水自流灌溉。环湖农田以鄱阳湖水为主要灌溉水源，鄱阳湖水源一般占灌溉水源的比例可达50%～100%。

环湖农田提水灌溉与引（鄱阳湖）水自流灌溉受鄱阳湖水位变幅大与低枯水位的影响，当湖水位低于引、提水工程最低取（用）水位时，就会造成引水、取水困难，出现农田干旱。据统计，现状环湖农田灌溉保证率一般在65%～75%之间，不能满足经济社会发展要求。

除环湖区的滨湖农田（即受圩堤保护的农田）外，在环鄱阳湖的低丘岗地上有相当数量的耕地，现状基本无灌溉水源与灌溉设施，多为望天田和旱地。该部分耕地高程一般在20～50m之间，多分布于环湖小流域的浅丘岗地与山脚缓坡之上。该区域距离鄱阳湖较近，过境水量少，主要靠当地径流，且上游缺乏蓄水工程，该部分耕地急需新增水源发展灌溉。

鄱阳湖区2018年城镇供水人口约749万人，供水规模约780万$m^3/d$，年供水量19.4亿$m^3$，其中城镇公共供水年供水量9.89亿$m^3$，城镇自建设施年供水量9.51亿$m^3$；城市供水保证率95%以上，管网漏失率19%。除集中（包括自来水厂和自建供水设施）供水外，现状城市人口中还有少部分分散式供水人口，该部分人口一般采用压水井等措施取水，供水条件较差，保证率低。现状城镇供水以地表水为主，除枯水年枯水季节外，供水水质、水量基本能满足要求。

#### 3.1.2.2 存在问题

**1. 灌溉安全问题**

2006年汛后枯水期星子站水位低于10m的持续时间达132d，吴城、康山等站相继出现历史同期最低水位。受鄱阳湖及尾闾河道低枯水位的影响，绝大部分农业灌溉蓄水工程无水可供，引水水源断流，提水工程几近瘫痪，有258万亩农田灌溉困难，受灾面积191万亩，成灾面积98.5万亩，损失粮食5亿斤以上。

2010年10月至2011年5月，江西省发生了罕见的冬春连旱，旱情发生之早，影响范围之广，均为历史罕见，环湖地区有131座大中型泵站因鄱阳湖低水位不能正常取水灌溉，滨湖圩区、丘陵山区大片农田因缺水而无法栽种。据2011年5月统计，鄱阳湖区作物受旱面积达170万亩，水田缺水103万亩、饮水困难人口21万人；全省渔业经济损失20.6亿元，大部分发生在鄱阳湖区。

2019年7月下旬至9月上旬，鄱阳湖流域降雨量比多年均值偏少近60%，鄱阳湖水位持续下降，9月10日星子站水位10.1m，鄱阳湖进入枯水期比2003—2016年平均提前了30d，比1956—2016年平均提前了56d；11月26日都昌站水位跌至6.38m，较历史同期偏低3.56m，是该站有记录以来历史同期最低水位，灌区通过多级提水等方式抗旱（见图3.1-1）保障灌区用水。南昌市、九江市等地农作物大面积受灾。

图 3.1-1 2019 年秋季廿四联圩多级提水抗旱现场

**2. 城乡供水安全问题**

鄱阳湖区缺水主要以水位低导致的工程性缺水为主，遇特枯水年缺水尤为严重。近年来鄱阳湖区及尾闾河道的持续枯水给沿江沿湖城镇供水造成极大困难，同时也给以地表水和浅层地下水为供水水源的广大环湖农村地区用水造成极大困难，严重影响居民正常用水。

2019 年 9 月 10 日，鄱阳湖提前进入枯水期，湖区大范围的取水设施受到低枯水位影响，南昌市新建区象山水厂、联圩水厂、南昌县昌南水厂等水厂均通过增设、延伸、下移取水管道、二次提水等方式（见图 3.1-2、图 3.1-3）保障城乡供水安全、满足相关用水需求；自 11 月起都昌县需采取三级提水 24h 运转供水，缓解县城 18 万居民生活正常用水。

图 3.1-2 2019 年秋季昌南水厂取水头部改造现场

图 3.1-3 2019 年秋季新昌电厂二级提水现场

## 3.2 洞庭湖水资源供需规律及水量平衡分析

### 3.2.1 洞庭湖区需水预测分析

为分析三峡水库运用 30～50 年后两湖水资源供需关系，结合江湖关系变化预测成果，对两湖湖区 2032 年和 2052 年进行需水预测分析。

**1. 生活需水量**

通过现场查勘，结合 2019 年长江流域取水设施核查成果，自洞庭湖区取水的水厂为益阳市的沅江市第三水厂，年取水量为 1200 万 $m^3$。预测 2032 年城镇居民生活用水毛定额为 155L/(人·d)，较现状水平增长 10L/(人·d)，城镇供水管网漏损率由 2019 年的 16%左右下降到 2032 年的 11%左右；2052 年城镇居民生活用水毛定额为 160L/(人·d)，较现状水平增长 15L/(人·d)，城镇供水管网漏损率进一步下降到 8%左右。水厂供水人口 2032 年将增加 6%，到 2052 年将增加 10%左右。根据以上定额，估算到 2032 年自洞庭湖区取水的生活需水量约为 1300 万 $m^3$，到 2052 年自洞庭湖区取水的生活需水量约为 1350 万 $m^3$。

**2. 农业灌溉需水量**

洞庭湖区水资源量丰富，湖区圩垸沿湖岸分布，沿岸农业灌溉大部分自湖区取水，需水期主要在灌溉期 5—10 月和春灌期 4—5 月（见

表3.2-1)。

表3.2-1　　洞庭湖区主要作物灌水定额

| 月份 | 旬 | 灌水定额/($m^3$/亩) | 月份 | 旬 | 灌水定额/($m^3$/亩) |
|---|---|---|---|---|---|
| 1 | 上 | 0 | 7 | 上 | 12 |
| | 中 | 0 | | 中 | 17 |
| | 下 | 0 | | 下 | 50 |
| 2 | 上 | 0 | 8 | 上 | 25 |
| | 中 | 0 | | 中 | 24 |
| | 下 | 0 | | 下 | 24 |
| 3 | 上 | 0 | 9 | 上 | 32 |
| | 中 | 0 | | 中 | 17 |
| | 下 | 0 | | 下 | 15 |
| 4 | 上 | 0 | 10 | 上 | 9 |
| | 中 | 8 | | 中 | 7 |
| | 下 | 0 | | 下 | 4 |
| 5 | 上 | 23 | 11 | 上 | 0 |
| | 中 | 7 | | 中 | 0 |
| | 下 | 13 | | 下 | 0 |
| 6 | 上 | 9 | 12 | 上 | 0 |
| | 中 | 21 | | 中 | 0 |
| | 下 | 10 | | 下 | 0 |

洞庭湖区现状自湖区取水灌溉的年均灌溉定额为327$m^3$/亩,50%来水年灌溉净定额为332$m^3$/亩,85%来水年灌溉净定额为418$m^3$/亩。现状湖区灌溉水利用系数约为0.54,换算过来多年平均、50%来水年、85%来水年的湖区灌溉毛定额分别为606$m^3$/亩、615$m^3$/亩、774$m^3$/亩。通过加快现有灌区续建配套和节水改造力度、建设高效输配水工程等农业节水基础设施,洞庭湖区灌溉用水有效利用系数由现状的

0.54左右提高到2032年的0.61左右、2052年的0.65左右。因此到2032年，洞庭湖区多年平均、50%来水年、85%来水年的灌溉毛定额分别为536m³/亩、544m³/亩、685m³/亩；到2052年，洞庭湖区多年平均、50%来水年、85%来水年的灌溉毛定额分别为503m³/亩、511m³/亩、643m³/亩（见表3.2-2）。

**表3.2-2　　洞庭湖区不同水平年灌溉毛定额**

| 情景 | 现状 | | 2032年 | | 2052年 | |
|---|---|---|---|---|---|---|
| | 灌溉水利用系数 | 灌溉毛定额/(m³/亩) | 灌溉水利用系数 | 灌溉毛定额/(m³/亩) | 灌溉水利用系数 | 灌溉毛定额/(m³/亩) |
| 多年平均 | 0.54 | 606 | 0.61 | 536 | 0.65 | 503 |
| 50%来水年 | | 615 | | 544 | | 511 |
| 85%来水年 | | 774 | | 685 | | 643 |

根据定额法估算，基准年洞庭湖区多年平均、50%来水年、85%来水年的灌溉需水量分别为13.4亿m³、13.6亿m³、17.1亿m³。2032年多年平均、50%来水年、85%来水年的灌溉需水量分别为11.9亿m³、12.0亿m³、15.1亿m³。2052年多年平均、50%来水年、85%来水年的灌溉需水量分别为11.1亿m³、11.3亿m³、14.2亿m³（见表3.2-3）。

**表3.2-3　　洞庭湖区不同水平年灌溉需水量　　单位：亿m³**

| 情景 | 现状 | 2032年 | 2052年 |
|---|---|---|---|
| 多年平均 | 13.4 | 11.9 | 11.1 |
| 50%来水年 | 13.6 | 12.0 | 11.3 |
| 85%来水年 | 17.1 | 15.1 | 14.2 |

从以上灌溉需水预测结果可以看出，在2032年和2052年，随着大力发展高效节水灌溉农业，加快推广和普及优化配水、田间灌水、生物节水与农艺节水等先进农业节水技术，湖区灌溉需水量有大幅下降，其中多年平均需水量2032年下降了1.5亿m³，2052年下降了2.3亿m³，

下降幅度分别为 11.2%和 17.2%。

**3. 总需水量**

综合生活需水和灌溉需水预测，现状基准年洞庭湖区总需水量 13.5 亿 $m^3$，2032 年总需水量 12.0 亿 $m^3$，2052 年总需水量 11.2 亿 $m^3$。从需水结构看，从湖区取水主要是灌溉需水，生活用水只占很小的一部分（见表 3.2-4）。

**表 3.2-4　　洞庭湖区不同水平年总需水量**　　单位：亿 $m^3$

| 情景 | 现状 | 2032 年 | 2052 年 |
|---|---|---|---|
| 多年平均 | 13.5 | 12.0 | 11.2 |
| 50%来水年 | 13.7 | 12.1 | 11.4 |
| 85%来水年 | 17.2 | 15.2 | 14.3 |

表 3.2-5 展示的是洞庭湖区不同来水情景下逐月需水过程。从表 3.2-5 中可以看出，洞庭湖区需水量主要集中在 5—10 月，在 11 月至次年 3 月需水量占比很少（3%左右）。因此，重点需要关注的是 5—10 月的需水满足情况。

**表 3.2-5　　洞庭湖区不同水平年灌溉逐月需水量**

| 月份 | 需水量/万 $m^3$ | | | | | | | | |
|---|---|---|---|---|---|---|---|---|---|
| | 现状江湖关系 | | | 2032 年江湖关系 | | | 2052 年江湖关系 | | |
| | 多年平均 | 50%来水年 | 85%来水年 | 多年平均 | 50%来水年 | 85%来水年 | 多年平均 | 50%来水年 | 85%来水年 |
| 1 | 100 | 100 | 100 | 108 | 108 | 108 | 112 | 112 | 112 |
| 2 | 100 | 100 | 100 | 108 | 108 | 108 | 112 | 112 | 112 |
| 3 | 100 | 100 | 100 | 108 | 108 | 108 | 112 | 112 | 112 |
| 4 | 3378 | 3427 | 4283 | 3019 | 3044 | 3802 | 2828 | 2877 | 3586 |
| 5 | 17721 | 17984 | 22586 | 15756 | 15888 | 19964 | 14708 | 14971 | 18785 |
| 6 | 16491 | 16736 | 21017 | 14665 | 14787 | 18579 | 13690 | 13935 | 17482 |
| 7 | 32473 | 32956 | 41412 | 28857 | 29099 | 36588 | 26929 | 27412 | 34418 |

续表

| 月份 | 需水量/万 $m^3$ | | | | | | | | |
| --- | --- | --- | --- | --- | --- | --- | --- | --- | --- |
| | 现状江湖关系 | | | 2032 年江湖关系 | | | 2052 年江湖关系 | | |
| | 多年平均 | 50%来水年 | 85%来水年 | 多年平均 | 50%来水年 | 85%来水年 | 多年平均 | 50%来水年 | 85%来水年 |
| 8 | 30014 | 30461 | 38274 | 26674 | 26897 | 33817 | 24892 | 25338 | 31812 |
| 9 | 26326 | 26718 | 33568 | 23399 | 23594 | 29662 | 21837 | 22228 | 27904 |
| 10 | 8296 | 8418 | 10559 | 7386 | 7447 | 9343 | 6901 | 7023 | 8797 |
| 11 | 100 | 100 | 100 | 108 | 108 | 108 | 112 | 112 | 112 |
| 12 | 100 | 100 | 100 | 108 | 108 | 108 | 112 | 112 | 112 |

### 3.2.2 洞庭湖区水量变化

以三峡水库运用为时间节点，分运行前（1960—2002 年）和运行后（2003—2019 年）两个阶段，洞庭湖区代表水位站选择鹿角、小河咀和杨柳潭站，出湖代表水文站选择城陵矶（七里山）站，根据洞庭湖区水位站、出湖水文站的实测资料，对比分析三峡水库建库前后湖区入湖水量、湖区水位、出湖水量的变化特征及趋势（各站位置见图 3.2-1）。

#### 3.2.2.1 湖区蓄水量变化

采用荆江三口加上洞庭四水减去城陵矶（七里山）站流量代表湖区蓄水量。湖区不同时段径流量及其变化见表 3.2-6。较三峡水库蓄水运用前，湖区 2003—2019 年多年平均蓄水量偏少 25.8 亿 $m^3$，变化幅度为 8.5%，从各个月变化幅度来看，6 月变化幅度最大。

#### 3.2.2.2 洞庭湖区可供水量分析

洞庭湖区可供水量的计算，是以现有供水工程组成的供水系统，根据现状年不同需水保证率的要求，在现状水资源开发模式和满足一定水质条件下，经过水量平衡调节计算后得出洞庭湖区可能供水量。

图 3.2-1　洞庭湖区与长江干流主要站点位置示意图

**1. 供水基础设施及供水能力**

洞庭湖区现状供水主要以地表水的引提利用为主，蓄水和地下水的开采为辅。为洞庭湖区提供供水、灌溉水源的工程中已建成大中小型水库 563 座，总库容 13.71 亿 $m^3$；塘坝 4 万余座，总库容 6.61 亿 $m^3$；引水工程 879 处；提水工程 7023 处。此外，还有地下水生产井 43 万余眼。

洞庭湖区现状设计供水能力为 108.04 亿 $m^3$，其中地表水供水能力为 104.60 亿 $m^3$，占总供水能力的 96.8%；地下水供水能力为 3.44 亿 $m^3$，占总供水能力的 3.2%。地表水中蓄、引、提水工程供水能力分别为 16.72 亿 $m^3$、22.42 亿 $m^3$ 和 65.46 亿 $m^3$，分别占地表水供水能力的

表 3.2-6　　湖区不同时段径流量及其变化表

| 项　目 | 1月 | 2月 | 3月 | 4月 | 5月 | 6月 | 7月 | 8月 | 9月 | 10月 | 11月 | 12月 | 9—10月 | 年 |
|---|---|---|---|---|---|---|---|---|---|---|---|---|---|---|
| 1960—2002年径流量均值/亿 $m^3$ | −11.7 | −9.3 | −16.9 | −16.1 | −20.7 | 14.5 | −44.9 | −42.7 | −43.4 | −51.8 | −37.7 | −22.4 | −95.3 | −303.3 |
| 年内径流量占比/% | 3.9 | 3.1 | 5.6 | 5.3 | 6.8 | −4.8 | 14.8 | 14.1 | 14.3 | 17.1 | 12.4 | 7.4 | 31.4 | 100 |
| 2003—2019年径流量均值/亿 $m^3$ | −12.9 | −15.1 | −25.8 | −23.5 | −18.4 | −13.4 | −30.1 | −62.7 | −36.0 | −44.5 | −28.7 | −18.1 | −80.5 | −329.1 |
| 年内径流量占比/% | 3.9 | 4.6 | 7.8 | 7.1 | 5.6 | 4.1 | 9.1 | 19.1 | 10.9 | 13.5 | 8.7 | 5.5 | 24.5 | 100 |
| 径流量变化值/亿 $m^3$ | −1.2 | −5.8 | −8.9 | −7.4 | 2.3 | −27.9 | 14.9 | −20.0 | 7.4 | 7.4 | 9.1 | 4.4 | 14.8 | −25.8 |
| 变化百分比/% | 10.3 | 62.0 | 52.6 | 46.2 | −11.0 | −192.3 | −33.1 | 46.8 | −17.0 | −14.3 | −24.0 | −19.4 | −15.5 | 8.5 |

16.0%、21.4%和62.6%。

**2. 湖区可供水量**

根据洞庭湖天然湖泊容积曲线，结合湖区水位，三峡水库蓄水运用前后洞庭湖区多年平均水量见表3.2-7。从表3.2-7可以看出，三峡水库蓄水运用前，洞庭湖区水量在8.19亿～88.81亿$m^3$之间波动；三峡水库蓄水运用后，洞庭湖区水量在8.48亿～82.44亿$m^3$之间波动，在1—6月有所增加但变化不大，7—12月有所减小，其中9—10月减少明显，月均值从41.35亿$m^3$减少至25.93亿$m^3$。

**表3.2-7　三峡水库蓄水运用前后洞庭湖区多年平均水量统计表**

| 月份 | 湖区水量/亿$m^3$ | |
|---|---|---|
| | 1960—2002年 | 2003—2019年 |
| 1 | 8.19 | 8.48 |
| 2 | 8.19 | 8.46 |
| 3 | 9.06 | 9.83 |
| 4 | 11.35 | 11.86 |
| 5 | 21.58 | 24.81 |
| 6 | 39.16 | 48.32 |
| 7 | 88.81 | 82.44 |
| 8 | 65.09 | 58.77 |
| 9 | 53.14 | 36.38 |
| 10 | 29.56 | 15.47 |
| 11 | 12.34 | 10.67 |
| 12 | 9.21 | 8.72 |

### 3.2.3 洞庭湖区水资源供需平衡及水资源利用问题剖析

采用频率典型年法进行洞庭湖区水资源供需平衡分析。

对比湖区的总需水量和湖区水量（见图3.2-2），可以发现，从洞

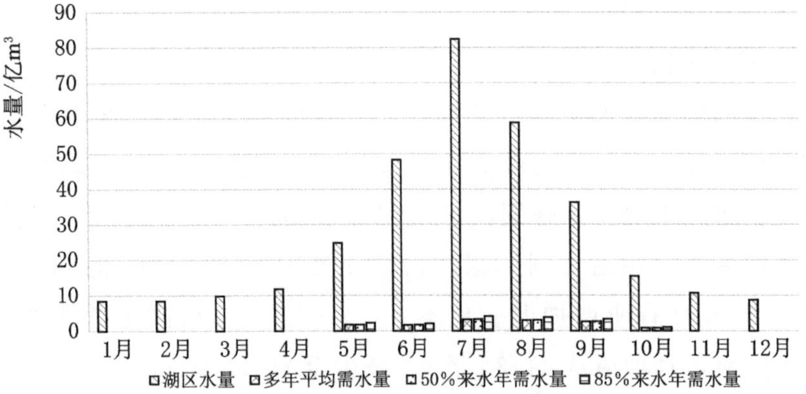


（a）三峡水库蓄水运用以来情景

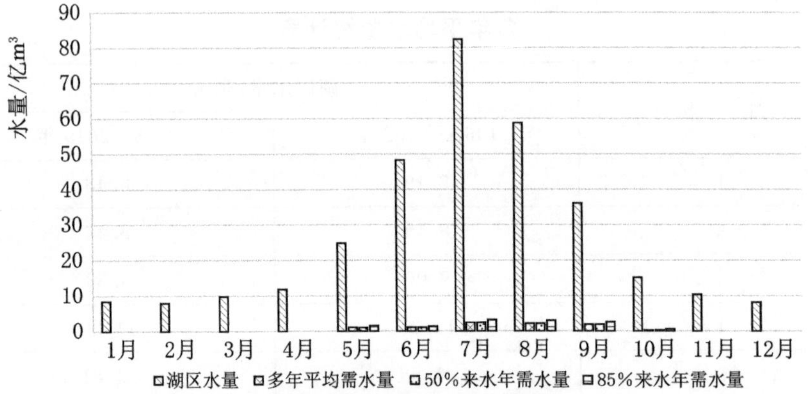


（b）2032年江湖关系变化情景

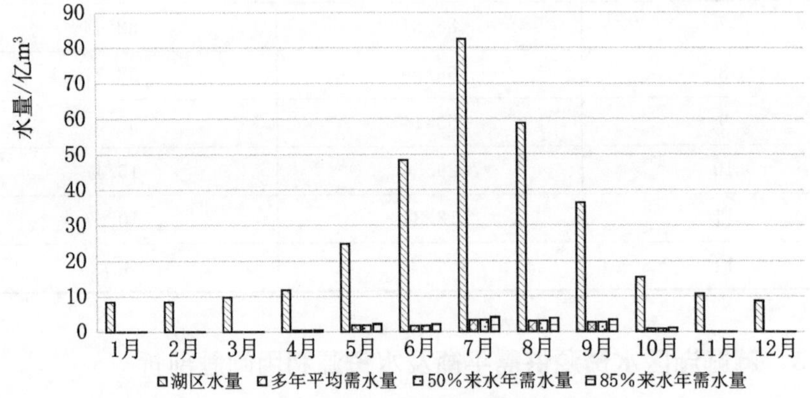


（c）2052年江湖关系变化情景

图 3.2-2 不同水平年及来水情景下洞庭湖区需水量和湖区水量对比图

庭湖区取水的生活灌溉需水量相比洞庭湖区的水量来说，占比很小，可以认为洞庭湖的水量是充足的，可以满足湖区的生活和灌溉用水需求，从水量角度来看，不存在缺水问题。

总的来看，三峡水库及上游控制性水库群运用以来，受水库群调蓄、江湖冲淤、丰枯变化等因素共同作用，枯期荆南三口入湖水量减少，干流水位降低将湖区水体加速拉出，两湖枯期水位呈总体下降趋势，湖泊面积和容积随之减小，其中9—10月水位降幅最大。

从湖区水量角度来看，虽然湖泊容积减少，但是仍能满足湖区农田灌溉和城乡供水需水量。湖区水位下降是造成两湖灌溉及城乡供水缺水的主要原因。湖区灌溉及城乡供水设施大多基于三峡运用之前的水文系列，按照规范进行工程设计和建设，2003年前基本满足取水要求。三峡及上游控制性水库群运用以来，湖区枯期水位下降，灌溉及城乡供水设施普遍取水困难。

## 3.3 鄱阳湖水资源供需规律及水量平衡分析

### 3.3.1 鄱阳湖区需水预测分析

为分析三峡水库运用30～50年后两湖水资源供需关系，结合江湖关系变化预测成果，对两湖湖区2032年和2052年进行需水预测分析。

**1. 生活需水量**

鄱阳湖区以鄱阳湖为水源的城乡供水水厂较多，采用定额法估算鄱阳湖区生活需水量。参考《鄱阳湖区综合治理规划》，鄱阳湖区2019年城镇生活用水定额约为150L/(人·d)，农村生活用水定额约为90L/(人·d)，生活需水量约为1.37亿$m^3$；2032年鄱阳湖区城镇生活用水定额约为165L/(人·d)，农村生活用水定额约为95L/(人·d)，生活需水量约为1.59亿$m^3$；2052年鄱阳湖区城镇生活用水定额约为180L/(人·d)，农村生活用水定额约为110L/(人·d)，生活需水量约为1.75亿$m^3$。

**2. 农业灌溉需水量**

鄱阳湖区农田种植作物以水稻为主，灌溉水源以鄱阳湖为主，取水方式多为穿堤涵闸自流引水或提灌站提水。鄱阳湖区万亩以上圩区47座，占湖区总灌溉面积的89.4%，所占耕地面积比例相对较大，且现状已基本形成以蓄、引、提水源工程与排灌渠系组成的较为完善的农田灌溉工程体系，基本可代表湖区耕地灌溉情况。鄱阳湖沿岸农业灌溉大部分依赖从湖区取水，其中主要作物灌溉期为4—10月，鄱阳湖区见表3.3-1。

**表3.3-1　鄱阳湖区主要作物灌水定额**

| 月份 | 旬 | 灌水定额/($m^3$/亩) | 月份 | 旬 | 灌水定额/($m^3$/亩) |
|---|---|---|---|---|---|
| 1 | 上 | 3.3 | 7 | 上 | 38.6 |
| | 中 | 8.4 | | 中 | 28.6 |
| | 下 | 2.3 | | 下 | 78.5 |
| 2 | 上 | 0.3 | 8 | 上 | 41.0 |
| | 中 | 6.4 | | 中 | 46.0 |
| | 下 | 0.0 | | 下 | 61.6 |
| 3 | 上 | 1.0 | 9 | 上 | 51.1 |
| | 中 | 4.0 | | 中 | 68.1 |
| | 下 | 0.9 | | 下 | 50.6 |
| 4 | 上 | 5.5 | 10 | 上 | 38.8 |
| | 中 | 30.1 | | 中 | 50.1 |
| | 下 | 14.1 | | 下 | 17.5 |
| 5 | 上 | 13.1 | 11 | 上 | 2.4 |
| | 中 | 8.0 | | 中 | 8.3 |
| | 下 | 16.3 | | 下 | 4.1 |
| 6 | 上 | 50.4 | 12 | 上 | 4.9 |
| | 中 | 23.1 | | 中 | 5.5 |
| | 下 | 27.8 | | 下 | 4.5 |

鄱阳湖区现状自湖区取水灌溉的年均灌溉毛定额为 815m³/亩，50%来水年灌溉净定额为 784m³/亩，85%来水年灌溉净定额为 965m³/亩。现状湖区灌溉水利用系数约为 0.52。通过加快现有灌区续建配套和节水改造力度、建设高效输配水工程等农业节水基础设施，鄱阳湖区灌溉用水有效利用系数由现状的 0.52 左右提高到 2032 年的 0.60，2052 年 0.65。因此到 2032 年，鄱阳湖区多年平均、50%来水年、85%来水年的灌溉毛定额分别为 706m³/亩、680m³/亩、837m³/亩；到 2052 年，鄱阳湖区多年平均、50%来水年、85%来水年的灌溉毛定额分别为 652m³/亩、627m³/亩、772m³/亩，详见表 3.3-2。

**表 3.3-2　　鄱阳湖区不同水平年灌溉毛定额**

| 情景 | 现状 | | 2032 年 | | 2052 年 | |
|---|---|---|---|---|---|---|
| | 灌溉用水有效利用系数 | 灌溉毛定额/(m³/亩) | 灌溉用水有效利用系数 | 灌溉毛定额/(m³/亩) | 灌溉用水有效利用系数 | 灌溉毛定额/(m³/亩) |
| 多年平均 | 0.52 | 815 | 0.60 | 706 | 0.65 | 652 |
| 50%来水年 | | 784 | | 680 | | 627 |
| 85%来水年 | | 965 | | 837 | | 772 |

按照灌溉面积不新增情况，根据定额法估算，基准年鄱阳湖区多年平均、50%来水年、85%来水年的灌溉需水量分别为 15.07 亿 m³、14.50 亿 m³、17.84 亿 m³。2032 年多年平均、50%来水年、85%来水年的灌溉需水量分别为 13.05 亿 m³、12.57 亿 m³、15.48 亿 m³。2052 年多年平均、50%来水年、85%来水年的灌溉需水量分别为 12.06 亿 m³、11.59 亿 m³、14.27 亿 m³，详见表 3.3-3。

**表 3.3-3　　鄱阳湖区不同水平年灌溉需水量　　单位：亿 m³**

| 情景 | 现状 | 2032 年 | 2052 年 |
|---|---|---|---|
| 多年平均 | 15.07 | 13.05 | 12.06 |
| 50%来水年 | 14.50 | 12.57 | 11.59 |
| 85%来水年 | 17.84 | 15.48 | 14.27 |

从以上灌溉需水预测结果可以看出，在2032年和2052年，随着大力发展高效节水灌溉农业，加快推广和普及优化配水、田间灌水、生物节水与农艺节水等先进农业节水技术，湖区灌溉需水量有大幅下降，其中多年平均需水量2032年下降了2.02亿$m^3$，2052年下降了3.01亿$m^3$，下降幅度分别为13.4%和20.0%。

**3. 总需水量**

综合生活需水和灌溉需水预测，现状基准年鄱阳湖区总需水量16.44亿$m^3$，2032年总需水量14.64亿$m^3$，2052年总需水量13.81亿$m^3$。鄱阳湖区不同水平年总需水量见表3.3-4。从需水结构看，从湖区取水主要是灌溉需水，生活用水仅占10%左右。

**表3.3-4 鄱阳湖区不同水平年总需水量** 单位：亿$m^3$

| 情景 | 现状 | 2032年 | 2052年 |
|---|---|---|---|
| 多年平均 | 16.44 | 14.64 | 13.81 |
| 50%来水年 | 15.87 | 14.16 | 13.34 |
| 85%来水年 | 19.21 | 17.07 | 16.02 |

表3.3-5展示的是鄱阳湖区不同来水情景下逐月需水过程。从表3.3-5中可以看出，鄱阳湖区需水量主要集中在4—10月，在11月至次年3月需水量占比很小（10%左右）。因此，重点需要关注的是4—10月的需水满足情况。

**表3.3-5 鄱阳湖区不同水平年灌溉逐月需水量**

| 月份 | 需水量/万$m^3$ | | | | | | | | |
|---|---|---|---|---|---|---|---|---|---|
| | 现状 | | | 2032年 | | | 2052年 | | |
| | 多年平均 | 50%来水年 | 85%来水年 | 多年平均 | 50%来水年 | 85%来水年 | 多年平均 | 50%来水年 | 85%来水年 |
| 1 | 3730 | 3632 | 4205 | 3566 | 3484 | 3983 | 3529 | 3449 | 3909 |
| 2 | 2380 | 2333 | 2608 | 2398 | 2358 | 2597 | 2450 | 2411 | 2631 |

续表

| 月份 | 需水量/万 $m^3$ | | | | | | | | |
|---|---|---|---|---|---|---|---|---|---|
| | 现状 | | | 2032 年 | | | 2052 年 | | |
| | 多年平均 | 50%来水年 | 85%来水年 | 多年平均 | 50%来水年 | 85%来水年 | 多年平均 | 50%来水年 | 85%来水年 |
| 3 | 2232 | 2191 | 2433 | 2269 | 2235 | 2445 | 2331 | 2297 | 2491 |
| 4 | 10329 | 9982 | 12018 | 9281 | 8989 | 10763 | 8811 | 8524 | 10158 |
| 5 | 8056 | 7794 | 9326 | 7312 | 7092 | 8427 | 6991 | 6776 | 8005 |
| 6 | 19868 | 19160 | 23310 | 17541 | 16945 | 20561 | 16445 | 15861 | 19191 |
| 7 | 28076 | 27057 | 33027 | 24649 | 23791 | 28992 | 23013 | 22173 | 26963 |
| 8 | 28612 | 27573 | 33662 | 25113 | 24238 | 29543 | 23442 | 22585 | 27471 |
| 9 | 32531 | 31344 | 38301 | 28507 | 27507 | 33569 | 26578 | 25599 | 31182 |
| 10 | 20811 | 20067 | 24426 | 18358 | 17731 | 21530 | 17199 | 16586 | 20084 |
| 11 | 3878 | 3774 | 4381 | 3694 | 3607 | 4135 | 3648 | 3563 | 4049 |
| 12 | 3896 | 3792 | 4402 | 3710 | 3623 | 4154 | 3663 | 3577 | 4067 |

### 3.3.2 鄱阳湖区水量变化

以三峡水库运用为时间节点，分运行前（1960—2002 年）和运行后（2003—2019 年）2 个阶段，鄱阳湖区水位站选择为鄱阳站、都昌站、康山站、星子站，出湖水文站选择为湖口站，根据鄱阳湖区水位站、出湖水文站的实测资料，对比分析三峡水库运用前后湖区水位、出湖水量的变化特征及趋势。

#### 3.3.2.1 湖区蓄水量变化

采用鄱阳五河减去湖口站流量代表湖区蓄水量。湖区不同时段蓄水量及其变化见表 3.3-6。较运用前，湖区 2003—2019 年多年平均蓄水量偏少 50.6 亿 $m^3$，变化幅度为 20.8%，从各个月变化幅度来看，3 月变化幅度最大。

表 3.3-6　　湖区不同时段蓄水量及其变化表

| 项　目 | 1月 | 2月 | 3月 | 4月 | 5月 | 6月 | 7月 | 8月 | 9月 | 10月 | 11月 | 12月 | 9—10月 | 年 |
|---|---|---|---|---|---|---|---|---|---|---|---|---|---|---|
| 1960—2002年蓄水量均值/亿 $m^3$ | −6.5 | −5.0 | −7.6 | −10.4 | −12.4 | 16.7 | −22.6 | −51.6 | −32.8 | −56.2 | −38.9 | −15.8 | −88.9 | −242.9 |
| 年内蓄水量占比/% | 2.7 | 2.1 | 3.1 | 4.3 | 5.1 | −6.9 | 9.3 | 21.2 | 13.5 | 23.1 | 16.0 | 6.5 | 36.6 | 100 |
| 2003—2019年蓄水量均值/亿 $m^3$ | −14.5 | −11.4 | −21.1 | −18.7 | −5.1 | −3.6 | −30.7 | −68.6 | −39.5 | −46.5 | −17.8 | −15.9 | −85.9 | −293.5 |
| 年内蓄水量占比/% | 4.9 | 3.9 | 7.2 | 6.4 | 1.7 | 1.2 | 10.5 | 23.4 | 13.4 | 15.8 | 6.1 | 5.4 | 29.3 | 100 |
| 蓄水量变化值/亿 $m^3$ | −8.1 | −6.4 | −13.5 | −8.3 | 7.2 | −20.4 | −8.1 | −17.0 | −6.7 | 9.7 | 21.0 | −0.1 | 3.0 | −50.6 |
| 变化百分比/% | 124.4 | 127.5 | 178.7 | 79.9 | −58.6 | −121.8 | 35.7 | 33.0 | 20.4 | −17.2 | −54.1 | 0.9 | −3.4 | 20.8 |

#### 3.3.2.2 鄱阳湖区可供水量分析

鄱阳湖区可供水量的计算，是以现有供水工程组成的供水系统，根据现状年不同需水保证率的要求，在现状水资源开发模式和满足一定水质条件下，经过水量平衡调节计算后得出鄱阳湖区可能供水量。

**1. 供水基础设施及供水能力**

经过历年的水利基础设施建设，鄱阳湖区已建成较为完善的供水基础设施。鄱阳湖区共有供水基础设施5.34万座，现状总供水能力约为90.55亿$m^3$。除局部地区有极少量的集雨工程外，鄱阳湖区供水设施主要为蓄、引、提水工程。其中：蓄水工程4.45万座，现状供水能力36.82亿$m^3$，占总供水能力的40.7%；引水工程0.11万座，现状供水能力13.08亿$m^3$，占总供水能力的14.4%；提水工程（含水井工程）0.78万座，现状供水能力40.63亿$m^3$，占总供水能力的44.9%。

**2. 湖区可供水量**

根据鄱阳湖天然湖泊容积曲线，结合湖区水位，三峡水库蓄水运用前后鄱阳湖区多年平均水量见表3.3-7。从表3.3-7可以看出，三峡水库蓄水运用前，鄱阳湖区水量在2.24亿～139.27亿$m^3$波动，年内变化剧烈；三峡水库蓄水运用后，鄱阳湖区水量在2.14亿～119.35亿$m^3$之间波动，相较于三峡前整体减小，其中9—10月减少明显，从63.37亿$m^3$（9—10月平均值）减少至25.43亿$m^3$（9—10月平均值）。

**表3.3-7　三峡水库蓄水运用前后鄱阳湖区多年平均水量统计**

| 月　份 | 湖区水量/亿$m^3$ | |
|---|---|---|
| | 1960—2002年 | 2003—2019年 |
| 1 | 2.24 | 2.14 |
| 2 | 2.84 | 2.28 |
| 3 | 5.90 | 5.48 |
| 4 | 19.15 | 10.28 |

续表

| 月 份 | 湖区水量/亿 $m^3$ | |
|---|---|---|
| | 1960—2002 年 | 2003—2019 年 |
| 5 | 47.44 | 32.25 |
| 6 | 79.30 | 79.08 |
| 7 | 139.27 | 119.35 |
| 8 | 102.14 | 81.10 |
| 9 | 79.88 | 38.47 |
| 10 | 46.87 | 12.38 |
| 11 | 12.58 | 4.34 |
| 12 | 3.27 | 2.39 |

### 3.3.3 鄱阳湖区水资源供需平衡分析及水资源利用问题剖析

采用频率典型年法进行鄱阳湖区供需平衡分析。

对比湖区的总需水量和湖区水量（见图 3.3-1），可以发现，从鄱阳湖区取水的生活灌溉需水量相比鄱阳湖区的水量来说，占比很小，可以认为鄱阳湖的水量是充足的，可以满足湖区的生活和灌溉用水需求，从水量角度不存在缺水问题。

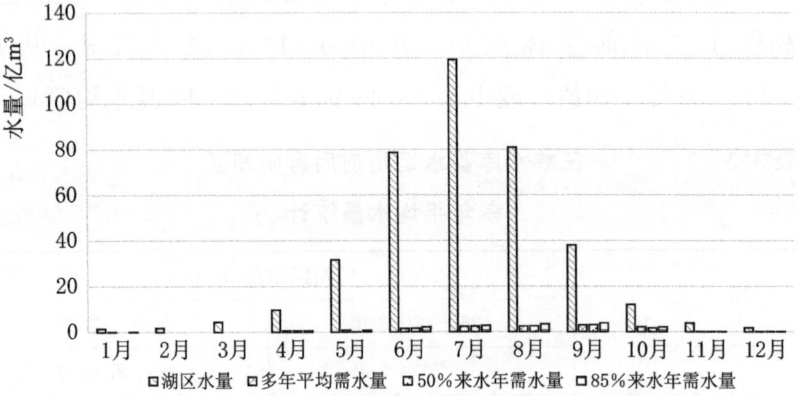


(a) 三峡水库蓄水运用以来情景

图 3.3-1（一） 不同水平年及来水情景下鄱阳湖区需水量和湖区水量对比图

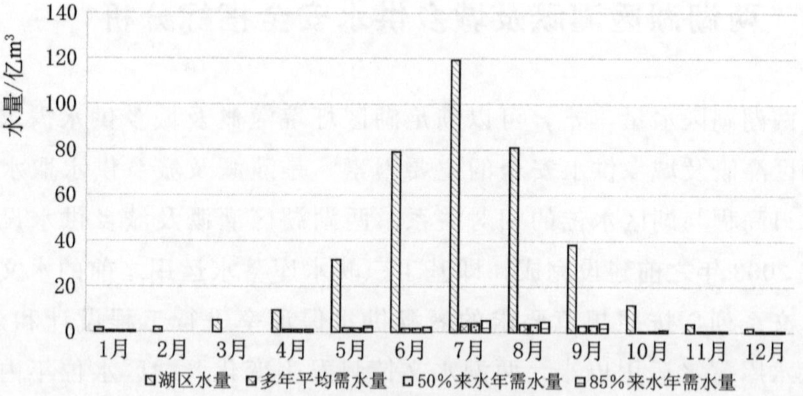


(b) 2032年江湖关系变化情景

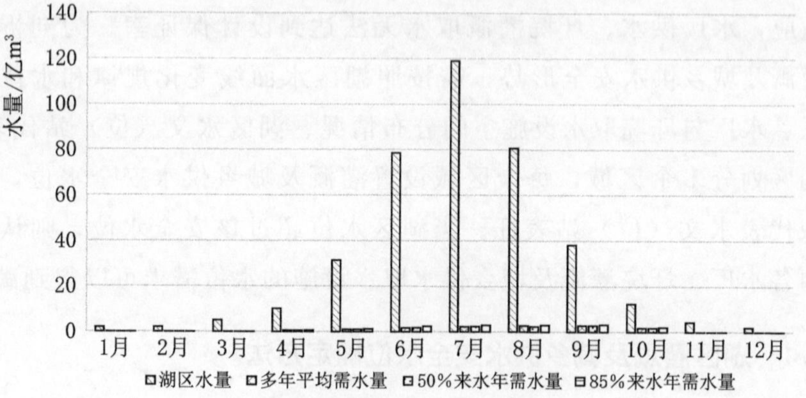


(c) 2052年江湖关系变化情景

图 3.3-1（二） 不同水平年及来水情景下鄱阳湖区需水量和湖区水量对比图

总的来看，三峡水库及上游控制性水库群运用以来，受水库群调蓄、江湖冲淤、丰枯变化等因素共同作用，干流水位降低将湖区水体加速拉出，湖区枯期水位呈总体下降趋势，湖泊面积和容积随之减小，其中 9—10 月水位降幅最大。以星子站 15m 作为判别标准，分析湖区枯水出现时间和持续时间，结合湖区农田灌溉机制，近年来湖区灌溉供水用水供需矛盾主要集中在三峡水库蓄水期 9—10 月。

## 3.4 两湖湖区灌溉及城乡供水安全指标分析

两湖湖区水量丰富，可以满足湖区圩垸灌溉及城乡供水需求，影响湖区灌溉及城乡供水安全的主要因素，是灌溉及城乡供水取水设施取水口高程与湖区水位的相对关系。两湖湖区灌溉及城乡供水设施大多在2003年之前建设完成，即基于三峡水库蓄水运用之前的水文节律和水文系列，按照规范要求的灌溉供水保证率进行工程设计和建设。三峡水库蓄水运用以来，两湖水文情势发生变化，湖区水位年内过程与原设计水文系列确定的湖区灌溉及城乡供水取水设施取水口高程不相适应，水厂供水、圩垸灌溉取水无法达到设计保证率。为剖析两湖区灌溉及城乡供水安全形势，需按照湖区水面线变化规律和水位相关关系、水厂与圩垸取水设施空间分布情况、湖区水文（位）站代表性，将湖区划分多个区域，每个区域设置灌溉及城乡供水安全水位，并用区域代表水文（位）站表征。当湖区水位超过该安全水位，则认为区域内各水厂、圩垸灌溉及城乡供水取水设施的水位需求可以得到满足。

### 3.4.1 湖区灌溉及城乡供水安全水位确定方法

通过资料收集、现场调研等方式收集并整理了两湖地区重要典型的城乡供水取水口和农业灌溉取水口的取水水位数据，并将取水水位折算到邻近的各主要控制断面。具体折算方法为，根据各个区域85%枯水流量下的湖区水面坡降，结合取水口与邻近控制断面的距离，按如下公式进行折算：

$$H_r = H_0 + LS \tag{3.4-1}$$

式中：$H_0$ 为取水口的最低取水高程，m；$S$ 为所在区域的85%枯水流量下的水面坡降；$L$ 为取水口距邻近控制代表站的距离，m，在控制代表站上游为负，在控制代表站下游为正；$H_r$ 为该取水口在邻近控制代表站的最低取水水位，m，也就是控制代表站水位达到了 $H_r$ 高程，该取水口就可以取到水。

将所有的取水口最低取水水位要求都折算到邻近控制代表站以后，对每个控制代表站，取各取水口最低取水水位要求的外包络线，即最大值，作为控制代表站的灌溉及城乡供水安全指标。

考虑供水对象及性质不同，分别对城乡供水和农业灌溉提出一套水位安全指标。

### 3.4.2 洞庭湖区灌溉及城乡供水安全水位

#### 3.4.2.1 城乡供水水位安全水位

通过现场查勘，结合2019年长江流域取水设施核查成果，自洞庭湖取水的水厂为益阳市的沅江县级市第三水厂，年取水量为1200万$m^3$，水厂取水口高程为27.66m。选择附近杨柳潭站作为代表站，折算后水位安全指标为27.66m。

#### 3.4.2.2 农业灌溉水位安全水位

洞庭湖区沿湖分布并自湖盆取水的圩垸共26个，取水设施及圩垸内部泵站、灌渠等农业水利设施，大多于三峡水库蓄水运用前基本建设完成，部分圩垸取水设施近年来新建或改建一定抗旱应急工程措施。按照洞庭湖区农田灌溉取水的位置分布，将灌溉农田分为西洞庭湖区、南洞庭湖区、东洞庭湖南区和东洞庭湖北区共4个区。洞庭湖区圩垸沿湖灌溉闸底板高程情况见表3.4-1。

**表3.4-1　洞庭湖区圩垸沿湖灌溉闸底板高程情况**

| 湖　区 | 垸　名 | 底板高程/m |
|---|---|---|
| 西洞庭湖区 | 沅江市目平湖垸 | 28.00～29.60 |
| | 汉寿县六角山垸 | 27.50 |
| | 汉寿县西湖垸 | 27.50～28.00 |
| | 汉寿县沅南垸 | 28.00～29.00 |
| 南洞庭湖区 | 湘滨垸湘江西支资水东支 | 27.00～28.00 |
| | 共宪间堤 | 28.00～29.00 |

续表

| 湖　　区 | 垸　　名 | 底板高程/m |
|---|---|---|
| 南洞庭湖区 | 沅江共双茶垸 | 26.90～29.00 |
| | 永胜垸 | 29.00～30.00 |
| | 新胜垸 | 28.00 |
| | 沅江市保民垸 | 28.50 |
| | 资阳区民主垸 | 27.60 |
| | 沅江市长春垸 | 28.50～29.80 |
| | 北湖（白泥湖）垸 | 26.50～29.00 |
| | 三汊港垸湘水 | 27.50～28.00 |
| 东洞庭湖南区 | 屈原垸 | 20.50～27.30 |
| | 钱粮湖南垸 | 24.50～24.70 |
| | 钱粮湖北垸 | 24.50～25.00 |
| | 沅江大通湖垸 | 19.50～25.70 |
| | 磊石垸 | 23.50 |
| | 中洲垸 | 23.00～26.00 |
| | 大通湖区 | 23.40～25.00 |
| 东洞庭湖北区 | 南湖垸 | 21.00 |
| | 东风湖垸 | 21.00～24.50 |
| | 吉家湖垸 | 24.00～24.50 |
| | 君山垸 | 23.30～24.50 |
| | 建新农场 | 24.00～25.50 |

根据洞庭湖各圩垸沿湖灌溉闸底板高程数据（见表3.4-1），分别选取西洞庭湖区、南洞庭湖区、东洞庭湖南区和东洞庭湖北区沿湖每个圩垸内各个灌溉闸底板高程最低值作为各圩垸实现自流引水的水位控制值，并以各分区内各圩垸最小水位控制值的最大值分别作为西洞庭湖区、南洞庭湖区、东洞庭湖南区和东洞庭湖北区自流引水灌溉需满足的最低水位控制值，即各圩垸灌溉安全水位。

通过分析，选取小河咀站 29.0m 作为西洞庭湖区灌溉要求的最低水位控制值，杨柳潭站选取 28.5m 作为南洞庭湖区灌溉要求的最低水位控制值，鹿角站选取 25.0m 作为东洞庭湖南区灌溉要求的最低水位控制值，城陵矶站选取 24.5m 作为东洞庭湖北区灌溉要求的最低水位控制值（见表 3.4-2）。

**表 3.4-2　洞庭湖灌溉安全水位**

| 湖　区 | 代表站 | 灌溉要求水位/m |
|---|---|---|
| 西洞庭湖区 | 小河咀站 | 29.0 |
| 南洞庭湖区 | 杨柳潭站 | 28.5 |
| 东洞庭湖南区 | 鹿角站 | 25.0 |
| 东洞庭湖北区 | 城陵矶站 | 24.5 |

## 3.4.3 鄱阳湖区灌溉及城乡供水安全水位

### 3.4.3.1 城乡供水水位安全水位

鄱阳湖区内供水水厂较多，其中地处湖盆区的水厂其最低取水位一般较低，多为 11～13m；而尾闾河道水厂最低取水位较高，一般为 14～17m。鄱阳湖区圩垸取水口底板高程情况见表 3.4-3。

**表 3.4-3　鄱阳湖区圩垸取水口底板高程情况**

| 水　厂 | 地　点 | 底板高程/m |
|---|---|---|
| 星子自来水厂 | 南康镇 | 5.60 |
| 波湖自来水厂 | 白鹿镇 | 9.92 |
| 蓼花自来水厂 | 蓼花镇 | 10.92 |
| 华林自来水厂 | 华林镇 | 10.92 |
| 蓼南水厂 | 蓼南乡 | 10.92 |
| 蛟塘水厂 | 蛟塘乡 | 10.92 |
| 苏家垱水厂 | 苏家垱乡 | 10.92 |
| 沙湖山水厂 | 沙湖山 | 10.92 |

续表

| 水　　厂 | 地　　点 | 底板高程/m |
|---|---|---|
| 都昌县南山自来水厂 | 都昌县城 | 10.42 |
| 土塘镇自来水厂 | 土塘镇 | 12.92 |
| 三汊港镇自来水厂 | 三汊港镇 | 9.72 |
| 西源乡自来水厂 | 西源乡 | 9.87 |
| 周溪镇自来水厂 | 周溪镇 | 9.92 |
| 南峰乡自来水厂 | 南峰乡 | 13.22 |
| 万户镇自来水厂 | 万户镇 | 9.97 |
| 狮山乡自来水厂 | 狮山乡 | 13.42 |
| 和合乡自来水厂 | 和合乡 | 9.72 |
| 双港镇自来水厂 | 双港镇 | 13.92 |
| 龙口自来水厂 | 莲湖乡 | 13.92 |
| 银宝湖乡自来水厂 | 银宝湖乡 | 14.42 |
| 珠湖乡自来水厂 | 珠湖乡 | 14.92 |
| 柘港乡自来水厂 | 柘港乡 | 14.92 |
| 团林乡自来水厂 | 团林乡 | 14.92 |
| 鄱中自来水公司 | 高家岭镇 | 14.92 |
| 联圩水厂 | 联圩乡 | 13.92 |
| 流水洞水厂 | 联圩乡 | 12.92 |
| 三里水厂 | 三里集乡 | 13.92 |
| 七里乡水厂 | 七里乡 | 13.92 |
| 恒波水厂 | 恒湖场 | 12.92 |
| 五星水厂 | 五星农场 | 12.92 |
| 成新水厂 | 成新农场 | 13.22 |
| 朱港水厂 | 朱港农场 | 11.02 |
| 珠湖自来水厂 | 珠湖农场 | 15.02 |

经过调研，鄱阳湖区部分水厂采用外延取水口等手段，降低了取水水位，星子自来水厂由 9.5m 降低至 5.6m，鄱阳湖区庐山市内其他水厂也进行了取水口改造，取水口水位基本在 5.6～8.3m。南昌青云水厂取水口降低至 8.5m，鄱阳湖区南昌市内其他水厂水位改造至 8.5～10m。根据湖区现有城镇水厂的设计最低取水位及经济社会发展要求，并结合湖区乡村水井供水情况，确定湖区满足供水要求的最低控制水位为：星子站为 8.5m，都昌站为 9.0m，鄱阳站为 9.5m，南昌站为 10.0m，详见表 3.4-4。

**表 3.4-4　　鄱阳湖供水安全指标**

| 站　点 | 控制水位/m | 站　点 | 控制水位/m |
|---|---|---|---|
| 星子站 | 8.5 | 鄱阳站 | 9.5 |
| 都昌站 | 9.0 | 南昌站 | 10.0 |

### 3.4.3.2 农业灌溉水位安全水位

环湖农田以鄱阳湖水源为主要灌溉水源，且以提水灌溉为主要灌溉方式，提水水源包括直接从圩区外提取的湖泊、河道水源和通过沟渠引入圩区内的水源。因此，鄱阳湖水位的高、低将直接影响灌溉水源的可靠性。根据水位年内变化情况，在湖区农田主灌溉期的 4—10 月，低湖水位多发生于 9—10 月，而 4—8 月湖水位一般较高，基本能满足灌溉要求。因此，9—10 月是低湖水位对农田灌溉的影响期。

鄱阳湖区地形平坦，引、提水灌溉是湖区农田灌溉的主要方式，引、提水水源主要为鄱阳湖水源，其中引水自流灌溉主要在鄱阳湖较高水位期间，通过穿堤涵闸将圩外湖（河）水源引入圩内，再经由沟渠对低洼农田进行自流灌溉；提水灌溉水源包括直接从圩区外提取的湖泊、河道水源和通过穿堤涵闸与沟渠引入圩区内的水源，及圩区内存蓄的沟、塘、河水源，固定与机动泵站再进行提水灌溉。各圩区通过圩堤上的穿堤建筑物——涵闸（兼有排水、引水、挡洪等功能的水闸）将水引入前池或圩内沟渠后再自流引水与提水灌溉，或通过泵站直接从外河提水灌溉。

结合鄱阳湖区各圩垸沿湖灌溉提水设施最低取水水位要求（见表3.4－5），根据鄱阳湖区圩垸所处位置及水文（位）站的代表性，进一步统计各圩区灌溉提水设施最低取水水位与取水水源水位代表站相关关系，给出湖区水文（位）站灌溉蓄水约束控制水位。分析9月、10月，星子站、都昌站、康山站、鄱阳站水位线变化情况，结合各县圩区取水设施分布情况，重点考虑位于鄱阳湖区作为水源的取水设施，分湖区划定圩区对应水文（位）代表站，其中星子县（现为庐山市）、都昌县、永修县、共青城、德安县圩区以星子站为代表站，南昌县、新建县（现为新建区）、进贤县、余干县以康山站为代表站，鄱阳县、万年县以鄱阳站为代表站。统计圩区以鄱阳湖为取水水源的灌溉提水设施最低取水水位，同一片圩区取最高值。鄱阳湖灌溉安全指标见表3.4－6。

**表3.4－5 鄱阳湖区各圩垸沿湖灌溉提水设施最低取水水位要求**

| 圩区名称 | 圩区保护耕地面积/万亩 | 提水设施最低取水水位/m | 鄱阳湖水源取水量所占比例/% |
|---|---|---|---|
| 廿四联圩 | 19.97 | 13.5 | 95 |
| 赣西联圩 | 13.60 | 14.0 | 90 |
| 五星圩 | 1.14 | 13.9 | 95 |
| 梓埠联圩 | 10.5 | 15.5 | 90 |
| 抚东联圩 | 12.53 | 15.4 | 80 |
| 陈家湖圩 | 1.42 | 13.9 | 100 |
| 马咀圩 | 1.40 | 15.5 | 100 |
| 信西联圩 | 5.12 | 12.9 | 80 |
| 罗溪圩 | 1.04 | 15.6 | 80 |
| 浆潭联圩 | 1.20 | 13.9 | 100 |
| 沙湖山圩 | 1.02 | 14.9 | 100 |
| 信瑞联圩 | 33.99 | 12.9 | 85 |

续表

| 圩区名称 | 圩区保护耕地面积/万亩 | 提水设施最低取水水位/m | 鄱阳湖水源取水量所占比例/% |
|---|---|---|---|
| 康山圩 | 14.43 | 12.9 | 75 |
| 古埠联圩 | 5.30 | 13.9 | 85 |
| 枫富联圩 | 6.49 | 14.9 | 80 |
| 大溪圩 | 1.42 | 15.9 | 50 |
| 共青联圩 | 3.70 | 14.4 | 80 |
| 附城联圩 | 1.01 | 14.9 | 70 |
| 金湖圩 | 1.06 | 14.9 | 80 |
| 荷溪圩 | 0.34 | 14.9 | 100 |
| 三角联圩 | 5.03 | 15.9 | 100 |
| 九合联圩 | 5.10 | 15.9 | 100 |
| 永北联圩 | 1.07 | 15.9 | 100 |
| 新妙 | 5.21 | 14.9 | 90 |
| 矶山联圩 | 1.65 | 14.9 | 85 |
| 周溪 | 1.14 | 14.9 | 100 |
| 南溪 | 1.02 | 12.9 | 80 |
| 长乐联圩 | 26.40 | 11.9 | 70 |
| 红旗联圩 | 30.67 | 14.4 | 40 |
| 蒋巷联圩 | 14.00 | 14.4 | 100 |
| 南新联圩 | 10.26 | 14.9 | 100 |
| 水岚洲圩 | 2.27 | 15.4 | 100 |
| 中洲联圩 | 1.92 | 16.4 | 60 |
| 饶河联圩 | 11.00 | 14.9 | 65 |
| 珠湖联圩 | 7.55 | 13.4 | 90 |
| 西河东联圩 | 6.43 | 15.4 | 75 |
| 乐丰联圩 | 7.20 | 13.9 | 95 |
| 畲湾联圩 | 5.90 | 15.4 | 100 |

续表

| 圩区名称 | 圩区保护耕地面积/万亩 | 提水设施最低取水水位/m | 鄱阳湖水源取水量所占比例/% |
|---|---|---|---|
| 沿河圩 | 1.56 | 13.9 | 100 |
| 碗子圩 | 2.50 | 15.4 | 70 |
| 中洲圩 | 2.92 | 14.9 | 100 |
| 潼丰联圩 | 2.00 | 14.9 | 80 |
| 问桂道圩 | 2.50 | 13.9 | 100 |
| 莲北圩 | 2.30 | 13.9 | 100 |
| 角丰圩 | 1.00 | 13.9 | 100 |
| 西河西联圩 | 1.25 | 15.9 | 75 |
| 扬子洲圩 | 1.72 | 13.9 | 100 |
| 成朱联圩 | 5.06 | 13.4 | 100 |
| 南湖圩 | 1.54 | 15.4 | 100 |

**表 3.4-6　　鄱阳湖灌溉安全指标**

| 站　名 | 控制水位/m | 站　名 | 控制水位/m |
|---|---|---|---|
| 星子 | 15 | 三阳 | 16.4 |
| 康山 | 15 | 大溪渡 | 15.9 |
| 鄱阳 | 15.51 | 永修 | 15.9 |
| 古县渡 | 15.4 | 蒋埠 | 15.4 |
| 古镇街 | 15.5 | | |

以星子站为代表站，分析湖区圩垸取水设施取水情况：①以鄱阳湖为取水水源的环湖圩区，取水设施最低水位为 14.9m，当星子站水位达到 15m 时，附近圩垸取水基本可以满足；②其中永修县 3 座万亩以上圩垸三角联圩、九合联圩、永北联圩灌溉取水口位于修水，取水设施最低水位为 15.9m。计算三峡水库蓄水运用后 9—10 月的湖口多年平均水位下的星子站与永修站水位差，9 月 15 日星子站水位为 15.33m，永修站水位为 16.11m，水位差值为 0.8m；9 月 30 日星子站

水位为14.01m，永修站水位为15.50m，水位差值为1.49m。可见，星子站水位达到15m时，永修站水位超过15.9m，永修县位于修水的3座圩垸灌溉取水可以达到保障要求。

以康山站为代表站，分析湖区圩垸取水设施取水情况：①取水水源在鄱阳湖区内的圩垸，最低灌溉取水水位均低于15m；②取水水位超过15m的圩垸基本均位于抚河、信江尾闾，包括抚东联圩（抚河）、马咀圩（抚河尾闾）、水岚洲圩（抚河尾闾）、中洲联圩（抚河尾闾）、罗溪圩（抚河尾闾）、大溪圩（信江）。计算三峡水库蓄水运用后9—10月的湖口多年平均水位下的星子站与康山、三阳、大溪渡等站的水位差，星子站水位为15m，康山站水位为15.19m，三阳（抚河尾闾）站水位为16.50m，大溪渡（信江）站水位为16.82m，可见，星子站水位为15m时，抚河尾闾水位基本高于16.5m，可以满足尾闾圩垸最低灌溉取水水位15.4～16.4m要求。大溪圩（信江）站位于大溪渡站附近，星子站水位为15m时，大溪渡站水位为16.82m，按照距离折算，当星子站水位达到15m时，大溪圩站水位基本可以满足最低取水水位15.9m的灌溉取水要求。

以鄱阳站为代表站，分析湖区圩垸取水设施取水情况：①取水水源在鄱阳湖区内的圩垸，最低灌溉取水水位均低于15m；②取水水位超过15m的圩垸基本均位于乐安河、昌江、西河尾闾，包括梓埠联圩（乐安河）、畲湾联圩（乐安河）、西河东联圩（西河）、西河西联圩（西河）、碗子圩（昌江）。当星子站水位为15m时，古镇街（乐安河）站水位为15.4m，古县渡（昌江）站水位为16.84m，梓埠联圩（乐安河）站、畲湾联圩（乐安河）站、碗子圩（昌江）站取水设施最低水位为15.4～15.5m，考虑到3座圩垸在古县渡上游附近，所以当星子站水位为15m时，古县渡站水位为15.49m（乐安河），古镇街站水位为15.58m（昌江），3座圩垸基本满足最低取水水位要求；西河上的西河东联圩、西河西联圩，取水设施最低水位为15.4～15.9m，考虑到两座圩垸均位于西河中游，类比鄱阳站水位，星子站水位为

15m 时，西河两座圩垸可以满足灌溉取水需求。

## 3.5 不同水位变动条件下洞庭湖区灌溉及城乡供水安全形势分析

依据前文分析得到的洞庭湖区灌溉及城乡供水安全指标，在现状灌溉及城乡供水安全分析的基础上，基于预测的湖区水文情势变化趋势成果，拟定三峡水库蓄水运用前（1960—2002 年）、三峡水库蓄水运用以来（采用 2016 年实测地形、1960—2002 年来水模拟计算）、三峡水库蓄水运用 30 年后（采用预测的 2032 年地形、1960—2002 年来水模拟计算）、三峡水库蓄水运用 50 年后（采用预测的 2052 年地形、1960—2002 年来水模拟计算）等 4 种江湖关系变化情景，剖析不同江湖关系变化情景下湖区的灌溉及城乡供水安全形势，从而分析江湖关系变化对湖区灌溉及城乡供水安全的影响。

### 3.5.1 湖区现状灌溉及城乡供水安全分析

采用三峡水库蓄水运用前 1960—2002 年长系列和三峡水库蓄水运用以来 2003—2019 年长系列水文数据分析洞庭湖灌溉供水安全水位的满足情况。根据洞庭湖主要作物灌溉制度，4 月中旬至 10 月中旬是湖区圩垸的灌溉需水期，计算 1960—2019 年洞庭湖各湖区代表站（小河咀站、杨柳潭站、鹿角站、城陵矶站）实测长系列水位条件下，湖区圩垸灌溉取水水位的满足程度（见表 3.5－1）。

表 3.5－1 洞庭湖区圩垸灌溉取水水位的满足程度

| 湖 区 | 圩 垸 | 1960—2002 年灌溉水位满足程度/% | 对应缺水量/万 $m^3$ | 2003—2019 年灌溉水位满足程度/% | 对应缺水量/万 $m^3$ |
|---|---|---|---|---|---|
| 西洞庭湖区 | 沅江市目平湖垸 | 81 | 85.60 | 46 | 243.29 |
| | 汉寿县六角山垸 | 81 | 182.62 | 38 | 595.91 |

续表

| 湖　区 | 圩　垸 | 1960—2002年灌溉水位满足程度/% | 对应缺水量/万 m³ | 2003—2019年灌溉水位满足程度/% | 对应缺水量/万 m³ |
|---|---|---|---|---|---|
| 西洞庭湖区 | 汉寿县西湖垸 | 81 | 405.19 | 46 | 1151.58 |
| | 汉寿县沅南垸 | 81 | 467.96 | 46 | 1329.99 |
| 南洞庭湖区 | 湘滨垸湘江西支资水东支 | 81 | 302.46 | 53 | 748.20 |
| | 共宪间堤 | 79 | 157.69 | 38 | 465.56 |
| | 沅江共双茶垸 | 84 | 197.04 | 53 | 578.79 |
| | 永胜垸 | 70 | 126.15 | 38 | 260.71 |
| | 新胜垸 | 79 | 76.95 | 53 | 172.23 |
| | 沅江市保民垸 | 79 | 83.89 | 38 | 247.68 |
| | 资阳区民主垸 | 79 | 266.18 | 53 | 595.73 |
| | 沅江市长春垸 | 79 | 259.24 | 38 | 765.38 |
| | 北湖（白泥湖）垸 | 81 | 119.84 | 53 | 296.46 |
| | 三汉港垸湘水 | 81 | 125.55 | 53 | 310.57 |
| 东洞庭湖南区 | 屈原垸 | 76 | 440.52 | 38 | 1138.01 |
| | 钱粮湖南垸 | 79 | 133.15 | 38 | 393.12 |
| | 钱粮湖北垸 | 79 | 203.17 | 46 | 522.44 |
| | 沅江大通湖垸 | 78 | 660.79 | 53 | 1411.69 |
| | 磊石垸 | 79 | 133.80 | 53 | 299.45 |
| | 中洲垸 | 79 | 196.87 | 53 | 440.62 |
| | 大通湖区 | 79 | 271.99 | 53 | 608.74 |
| 东洞庭湖北区 | 永济垸 | 79 | 70.72 | 46 | 181.85 |
| | 南湖垸 | 65 | 328.12 | 38 | 581.24 |
| | 君山垸 | 76 | 226.58 | 38 | 585.34 |
| | 建新垸 | 65 | 246.21 | 38 | 436.13 |
| 洞庭湖区合计 | | | 5768 | | 14360.71 |

由表 3.5-1 可见，三峡水库蓄水运用前，洞庭湖区圩垸的灌溉水位满足程度较高，平均达 78%。取水水位的不满足月份主要集中于 4 月、5 月，9 月、10 月较少出现不满足情况，长系列年均缺水量 5768 万 $m^3$。

三峡水库蓄水运用后，洞庭湖区圩垸的灌溉水位满足程度下降，大部分圩垸灌溉水位满足程度下降至 50%以下，平均为 46%。取水水位的不满足月份主要集中于 9 月、10 月，年均缺水量 1.43 亿 $m^3$，占 2003—2019 年年均需水量 13.39 亿 $m^3$ 的 10.68%。

从长系列水文数据分析来看，洞庭湖区圩垸取水水位自西至东满足程度逐渐下降。三峡水库蓄水运用后水位不满足月份集中于 9 月、10 月蓄水期，且湖区水位受三峡水库及上游水库群蓄水影响自西至东逐渐显著。

根据长江流域取水设施核查成果，结合湖区供水安全水位杨柳潭站 27.66m，自洞庭湖区取水的水厂为沅江第三水厂，年取水量为 1200 万/$m^3$，三峡水库蓄水运用前 1960—2002 年供水安全水位满足程度超过 95%，运行后降低至 82%，年均缺水量 32 万/$m^3$。

### 3.5.2 不同水位变动条件下湖区灌溉及城乡供水安全预测

分析 4 种江湖关系变化情景下洞庭湖灌溉及城乡供水安全水位的满足程度，详见表 3.5-2。4 种江湖关系变化情景设置如下：

情景 1（三峡水库蓄水运用前）：运用 1960—2002 年长系列实测水文数据分析。

情景 2（三峡水库蓄水运用以来）：通过长江中下游干流及两湖水动力学模型模拟，运用 1960—2002 年长系列数据，考虑三峡水库等 21 座上游水库群调度，地形采用 2016 年实测地形资料。

情景 3（三峡水库蓄水运用 30 年后）：通过长江中下游干流及两湖水动力学模型模拟，运用 1960—2002 年长系列数据，考虑三峡水库等 25 座上游水库群调度，地形采用预测的 2032 年地形成果。

情景 4（三峡水库蓄水运用 50 年后）：通过长江中下游干流及两湖

水动力学模型模拟，运用1960—2002年长系列数据，考虑三峡水库等25座上游水库群调度，地形采用预测的2052年地形成果。

**表3.5-2 4种情景下洞庭湖区圩垸灌溉取水水位的满足程度**

| 名称 | | 情景1 | | 情景2 | | 情景3 | | 情景4 | |
|---|---|---|---|---|---|---|---|---|---|
| | | 水位满足程度/% | 缺水量/万 $m^3$ | 水位满足程度/% | 缺水量/万 $m^3$ | 水位满足程度/% | 缺水量/万 $m^3$ | 水位满足程度/% | 缺水量/万 $m^3$ |
| 西洞庭湖区 | 沅江市目平湖垸 | 81 | 85.60 | 64 | 164.45 | 51 | 220.76 | 44 | 252.30 |
| | 汉寿县六角山垸 | 81 | 182.62 | 60 | 389.27 | 47 | 511.81 | 42 | 557.47 |
| | 汉寿县西湖垸 | 81 | 405.19 | 64 | 778.38 | 58 | 895.67 | 51 | 1044.95 |
| | 汉寿县沅南垸 | 81 | 467.96 | 64 | 898.98 | 53 | 1154.51 | 46 | 1329.99 |
| 南洞庭湖区 | 湘滨垸湘江西支资水东支 | 81 | 302.46 | 67 | 525.33 | 56 | 698.85 | 46 | 859.63 |
| | 共宪间堤 | 79 | 157.69 | 59 | 311.62 | 50 | 377.51 | 32 | 510.61 |
| | 沅江共双茶垸 | 84 | 197.04 | 69 | 387.91 | 58 | 514.45 | 41 | 729.56 |
| | 永胜垸 | 70 | 126.15 | 54 | 193.43 | 46 | 227.49 | 32 | 285.40 |
| | 新胜垸 | 79 | 76.95 | 66 | 124.59 | 57 | 157.75 | 40 | 220.36 |
| | 沅江市保民垸 | 79 | 83.89 | 59 | 165.78 | 52 | 191.75 | 36 | 254.07 |
| | 资阳区民主垸 | 79 | 266.18 | 66 | 430.96 | 59 | 519.68 | 41 | 744.03 |
| | 沅江市长春垸 | 79 | 259.24 | 59 | 512.31 | 51 | 610.14 | 35 | 797.44 |
| | 北湖（白泥湖）垸 | 81 | 119.84 | 66 | 214.46 | 58 | 263.50 | 41 | 373.68 |
| | 三汊港垸湘水 | 81 | 125.55 | 67 | 218.06 | 59 | 270.92 | 41 | 387.88 |
| 东洞庭湖南区 | 屈原垸 | 76 | 440.52 | 57 | 789.26 | 50 | 917.75 | 35 | 1193.07 |
| | 钱粮湖南垸 | 79 | 133.15 | 59 | 263.13 | 55 | 285.33 | 39 | 389.95 |
| | 钱粮湖北垸 | 79 | 203.17 | 63 | 362.81 | 58 | 406.35 | 41 | 574.69 |
| | 沅江大通湖垸 | 78 | 660.79 | 66 | 1036.24 | 57 | 1293.05 | 40 | 1806.21 |
| | 磊石垸 | 79 | 133.80 | 70 | 191.14 | 66 | 216.62 | 46 | 342.77 |
| | 中洲垸 | 79 | 196.87 | 69 | 290.62 | 62 | 356.24 | 43 | 530.62 |
| | 大通湖区 | 79 | 271.99 | 64 | 466.27 | 58 | 541.06 | 41 | 767.30 |

续表

| 名称 | | 情景1 | | 情景2 | | 情景3 | | 情景4 | |
|---|---|---|---|---|---|---|---|---|---|
| | | 水位满足程度/% | 缺水量/万 $m^3$ | 水位满足程度/% | 缺水量/万 $m^3$ | 水位满足程度/% | 缺水量/万 $m^3$ | 水位满足程度/% | 缺水量/万 $m^3$ |
| 东洞庭湖北区 | 永济垸 | 79 | 70.72 | 63 | 126.29 | 53 | 157.86 | 28 | 242.47 |
| | 南湖垸 | 65 | 328.12 | 52 | 454.68 | 47 | 496.87 | 33 | 629.05 |
| | 君山垸 | 76 | 226.58 | 57 | 405.96 | 48 | 486.68 | 32 | 641.98 |
| | 建新垸 | 65 | 246.21 | 52 | 341.17 | 44 | 395.51 | 31 | 487.89 |
| 总缺水量 | | | 5768 | | 10043 | | 12168 | | 15953 |

总体来看，基于1960—2002年水文系列的4种江湖关系变化情景计算结果显示，三峡水库蓄水运用前洞庭湖区圩垸灌溉水位可以基本满足，灌溉水位满足程度基本可保持在75%以上；在三峡水库蓄水运用后情景下，洞庭湖区灌溉水位满足程度明显下降，灌溉保证率下降至62%；而在三峡水库蓄水运用30年和50年后情景下，受水沙条件调整及洞庭湖区冲淤影响，湖区圩垸的灌溉水位满足程度总体呈下降趋势，其中运用30年下降至54%，运用50年下降至39%，大部分年份存在取水困难等问题，湖区水位的变化趋势将对湖区圩垸的农业生产造成不利影响。

## 3.6 不同水位变动条件下鄱阳湖区灌溉及城乡供水安全形势分析

依据前文分析得到的鄱阳湖区灌溉及城乡供水安全指标，在现状灌溉及城乡供水安全分析的基础上，基于预测的湖区水文情势变化趋势成果，拟定三峡水库蓄水运用前、三峡水库蓄水运用以来、三峡水库蓄水运用30年后、三峡水库蓄水运用50年后等四种江湖关系变化情景，剖析不同江湖关系变化情景下湖区的灌溉及城乡供水安全形势，从而分析江湖关系变化对湖区灌溉及城乡供水安全的影响。

### 3.6.1 湖区现状灌溉及城乡供水安全分析

#### 1. 灌溉安全分析

分析1960—2019实测长系列鄱阳湖灌溉供水安全水位的满足情况，根据鄱阳湖主要作物灌溉制度，4月中旬至10月中旬是湖区圩垸的灌溉需水期，计算1960—2019年鄱阳湖各湖区代表站实测长系列水位条件下，湖区圩垸灌溉取水水位的满足程度，见表3.6-1。

**表3.6-1　鄱阳湖区圩垸灌溉取水水位的满足程度**

| 名　称 | 1960—2002年 | | 2003—2019年 | |
|---|---|---|---|---|
| | 灌溉水位满足程度/% | 缺水量/万 $m^3$ | 灌溉水位满足程度/% | 缺水量/万 $m^3$ |
| 湖区合计 | 76.0～89.1 | 7032.0 | 13.0～62.2 | 18611.3 |
| 廿四联圩 | 81.5 | 241.0 | 52.0 | 767.2 |
| 赣西联圩 | 83.4 | 608.0 | 50.2 | 259.2 |
| 五星圩 | 80.6 | 8.3 | 13.0 | 104.0 |
| 梓埠联圩 | 88.1 | 66.6 | 45.4 | 146.4 |
| 抚东联圩 | 88.4 | 616.0 | 59.4 | 511.2 |
| 陈家湖圩 | 84.5 | 21.1 | 28.7 | 52.0 |
| 马咀圩 | 81.9 | 92.4 | 42.9 | 172.8 |
| 信西联圩 | 82.2 | 77.0 | 58.2 | 95.2 |
| 罗溪圩 | 83.1 | 17.3 | 48.6 | 28.0 |
| 浆潭联圩 | 84.6 | 16.0 | 40.7 | 36.8 |
| 沙湖山圩 | 82.7 | 10.3 | 41.1 | 21.6 |
| 信瑞联圩 | 80.8 | 536.0 | 56.6 | 3103.2 |
| 康山联圩 | 89.0 | 156.0 | 56.4 | 254.4 |
| 古埠联圩 | 85.6 | 66.6 | 19.3 | 331.2 |
| 枫富联圩 | 82.7 | 91.4 | 29.3 | 276.0 |

续表

| 名称 | 1960—2002年 | | 2003—2019年 | |
|---|---|---|---|---|
| | 灌溉水位满足程度/% | 缺水量/万 $m^3$ | 灌溉水位满足程度/% | 缺水量/万 $m^3$ |
| 大溪圩 | 86.3 | 17.3 | 59.8 | 13.6 |
| 共青联圩 | 88.5 | 32.1 | 39.3 | 90.4 |
| 附城联圩 | 88.6 | 5.0 | 46.6 | 11.2 |
| 金湖圩 | 88.2 | 11.9 | 45.6 | 26.9 |
| 荷溪圩 | 81.0 | 4.1 | 37.8 | 9.3 |
| 三角联圩 | 85.1 | 59.3 | 42.2 | 147.6 |
| 九合联圩 | 85.8 | 67.3 | 34.6 | 207.7 |
| 永北联圩 | 83.0 | 12.2 | 31.3 | 35.3 |
| 矶山联圩 | 78.8 | 20.2 | 42.5 | 46.2 |
| 周溪 | 80.2 | 7.7 | 45.0 | 13.0 |
| 南溪 | 81.5 | 18.5 | 45.6 | 32.0 |
| 长乐联圩 | 88.6 | 1779.0 | 60.6 | 1488.8 |
| 红旗联圩 | 87.0 | 1381.0 | 62.2 | 1148.8 |
| 蒋巷联圩 | 88.8 | 154.0 | 51.1 | 347.2 |
| 南新联圩 | 81.7 | 116.0 | 52.6 | 612.0 |
| 水岚洲圩 | 82.1 | 32.7 | 42.7 | 63.6 |
| 中洲联圩 | 80.0 | 29.9 | 49.0 | 42.8 |
| 饶河联圩 | 89.1 | 59.5 | 36.7 | 197.6 |
| 西河东联圩 | 83.1 | 67.2 | 49.0 | 108.0 |
| 乐丰联圩 | 83.6 | 98.0 | 31.0 | 237.6 |
| 畲湾联圩 | 83.6 | 79.2 | 29.0 | 11.3 |
| 沿河圩 | 88.6 | 11.3 | 42.4 | 28.5 |
| 碗子圩 | 76.1 | 14.3 | 45.8 | 19.9 |
| 中洲联圩 | 80.4 | 28.3 | 22.0 | 83.1 |
| 潼丰联圩 | 85.3 | 19.7 | 41.3 | 44.8 |

续表

| 名 称 | 1960—2002年 | | 2003—2019年 | |
|---|---|---|---|---|
| | 灌溉水位满足程度/% | 缺水量/万 $m^3$ | 灌溉水位满足程度/% | 缺水量/万 $m^3$ |
| 问桂道圩 | 83.0 | 20.3 | 48.0 | 33.1 |
| 莲北圩 | 84.2 | 28.6 | 47.4 | 51.0 |
| 角丰圩 | 78.4 | 14.8 | 45.5 | 22.7 |
| 西河西联圩 | 77.5 | 21.0 | 43.1 | 33.5 |
| 扬子洲圩 | 77.9 | 27.8 | 28.2 | 61.7 |
| 成朱联圩 | 82.2 | 54.2 | 32.7 | 192.0 |
| 南湖圩 | 81.3 | 16.5 | 38.1 | 50.4 |

由表3.6-1可见，三峡水库蓄水运用前，鄱阳湖区圩垸的灌溉水位满足程度较高，平均值超过75%。取水水位的不满足月份主要出现在4月、9月、10月，长系列年均缺水量7032万 $m^3$。

三峡水库蓄水运用后，鄱阳湖区圩垸的灌溉水位满足程度下降，大部分圩垸灌溉水位满足程度下降至50%以下，平均为42.7%。取水水位的不满足月份主要集中于9月、10月，年均缺水量1.86亿 $m^3$，占2003—2019年年均需水量15.07亿 $m^3$ 的12.34%。

**2. 供水安全分析**

湖区城镇供水以河湖地表水为主，环湖城镇（包括南昌市，星子、都昌、鄱阳等县城以及环湖乡镇）均以鄱阳湖及滨湖尾闾河道为供水水源，城镇供水受鄱阳湖及尾闾河道水位的影响。据统计，湖区共有63个城镇（场）72座水厂。计算三峡水库蓄水运用前后鄱阳湖水厂供水水位的满足程度，见表3.6-2。

由表3.6-2可见，三峡水库蓄水运用前，鄱阳湖区圩垸的供水水位满足程度较高，平均值超过99.1%，达到了供水工程设计保证率，长系列年均缺水量78万 $m^3$。

**表 3.6－2　鄱阳湖区圩垸水厂供水水位的满足程度**

| 名称 | 1960—2002年 | | 2003—2019年 | |
|---|---|---|---|---|
| | 供水水位满足程度/% | 缺水量/万 $m^3$ | 供水水位满足程度/% | 缺水量/万 $m^3$ |
| 合计 | 95.3～100.0 | 78.0 | 73.0～95.1 | 9385.0 |
| 吴城水厂 | 96.6 | 2.9 | 78.6 | 19.1 |
| 九合水厂 | 96.9 | 3.5 | 83.2 | 19.2 |
| 三角乡水厂 | 96.9 | 3.1 | 83.8 | 16.4 |
| 波湖水厂 | 97.0 | 0.4 | 87.8 | 1.4 |
| 华林水厂 | 96.1 | 5.5 | 87.0 | 16.1 |
| 蓼南水厂 | 96.5 | 4.9 | 87.8 | 13.5 |
| 蛟塘水厂 | 95.7 | 6.0 | 78.6 | 31.2 |
| 苏家垱水厂 | 97.6 | 3.3 | 80.7 | 28.7 |
| 沙湖山水厂 | 99.7 | 0.1 | 82.2 | 3.9 |
| 土塘镇水厂 | 99.9 | 0.3 | 92.3 | 11.7 |
| 西源乡水厂 | 100.0 | 0.0 | 90.2 | 8.2 |
| 周溪镇水厂 | 100.0 | 0.0 | 86.8 | 3.1 |
| 南峰乡水厂 | 98.0 | 0.1 | 85.3 | 0.8 |
| 万户镇水厂 | 100.0 | 0.0 | 87.9 | 67.8 |
| 狮山乡水厂 | 95.5 | 0.5 | 82.3 | 1.9 |
| 和合乡水厂 | 100.0 | 0.0 | 89.2 | 8.5 |
| 双港镇水厂 | 96.9 | 4.4 | 82.9 | 24.2 |
| 龙口水厂 | 96.0 | 4.5 | 82.5 | 19.4 |
| 银宝湖乡水厂 | 99.8 | 0.1 | 93.0 | 2.8 |
| 珠湖乡水厂 | 99.8 | 0.2 | 92.1 | 9.8 |
| 鄱阳县水公司 | 99.8 | 4.3 | 93.1 | 159.2 |
| 磨刀石水厂 | 99.8 | 0.2 | 92.8 | 7.5 |
| 柘港乡水厂 | 99.9 | 0.2 | 94.7 | 6.0 |
| 潼港水厂 | 98.8 | 4.1 | 90.7 | 26.7 |

续表

| 名称 | 1960—2002年 | | 2003—2019年 | |
|---|---|---|---|---|
| | 供水水位满足程度/% | 缺水量/万 $m^3$ | 供水水位满足程度/% | 缺水量/万 $m^3$ |
| 桥头水厂 | 99.5 | 1.8 | 89.3 | 33.2 |
| 昌洲乡水厂 | 99.7 | 0.2 | 94.5 | 2.2 |
| 古县渡水厂 | 95.3 | 7.9 | 79.7 | 35.3 |
| 古南伟华水厂 | 95.3 | 7.9 | 79.9 | 35.4 |
| 饶埠镇水厂 | 97.5 | 3.6 | 85.5 | 19.0 |
| 三庙前乡水厂 | 99.9 | 0.2 | 92.8 | 8.6 |
| 团林水厂 | 95.3 | 3.9 | 83.1 | 13.2 |
| 鄱中水公司 | 98.9 | 1.6 | 89.7 | 14.0 |
| 余干县水厂 | 100.0 | 0.0 | 84.5 | 211.1 |
| 瑞洪水厂 | 100.0 | 0.0 | 85.8 | 38.9 |
| 江埠西城水厂 | 100.0 | 0.0 | 85.2 | 129.6 |
| 杨埠水厂 | 100.0 | 0.0 | 87.1 | 26.0 |
| 鹭鸶港双港水厂 | 100.0 | 0.0 | 87.5 | 39.5 |
| 石口水厂 | 100.0 | 0.0 | 87.7 | 40.0 |
| 古埠镇为民水厂 | 100.0 | 0.0 | 87.5 | 29.8 |
| 白马桥乡高源水厂 | 100.0 | 0.0 | 87.5 | 30.6 |
| 枫港乡禾山水厂 | 100.0 | 0.0 | 85.6 | 27.8 |
| 幽兰镇水厂 | 99.8 | 0.3 | 95.0 | 2.6 |
| 武阳镇水厂 | 99.8 | 0.3 | 95.1 | 2.9 |
| 南新乡水厂 | 100.0 | 0.0 | 73.0 | 79.4 |
| 泾口乡水厂 | 99.8 | 0.7 | 94.7 | 10.1 |
| 塘南镇水厂 | 100.0 | 0.0 | 93.3 | 9.6 |
| 蒋巷水厂 | 100.0 | 0.0 | 79.7 | 63.6 |
| 昌南水厂 | 100.0 | 0.0 | 87.0 | 888.5 |
| 冈上水厂 | 100.0 | 0.0 | 88.0 | 19.2 |

续表

| 名称 | 1960—2002年 | | 2003—2019年 | |
|---|---|---|---|---|
| | 供水水位满足程度/% | 缺水量/万 $m^3$ | 供水水位满足程度/% | 缺水量/万 $m^3$ |
| 幽兰镇水厂 | 99.8 | 0.3 | 95.0 | 2.6 |
| 武阳镇水厂 | 99.8 | 0.3 | 95.1 | 2.9 |
| 南新乡水厂 | 100.0 | 0.0 | 73.0 | 79.4 |
| 泾口乡水厂 | 99.8 | 0.7 | 94.7 | 10.1 |
| 塘南镇水厂 | 100.0 | 0.0 | 93.3 | 9.6 |
| 架桥水厂 | 99.8 | 0.3 | 93.5 | 8.8 |
| 三里水厂 | 100.0 | 0.0 | 92.6 | 8.4 |
| 七里乡水厂 | 99.8 | 0.3 | 93.1 | 5.7 |
| 青云水厂 | 100.0 | 0.0 | 88.2 | 1840.6 |
| 朝阳水厂 | 100.0 | 0.0 | 87.6 | 1056.9 |
| 长堎水厂 | 100.0 | 0.0 | 88.5 | 285.0 |
| 牛行水厂 | 100.0 | 0.0 | 86.9 | 361.1 |
| 双港水厂 | 100.0 | 0.0 | 83.8 | 548.1 |
| 杨子洲水厂 | 100.0 | 0.0 | 84.2 | 22.5 |
| 南昌发电厂 | 100.0 | 0.0 | 88.6 | 1202.8 |
| 南铁水厂 | 100.0 | 0.0 | 87.0 | 108.0 |
| 华源江纺水厂 | 100.0 | 0.0 | 89.0 | 27.3 |
| 硬质合金水厂 | 100.0 | 0.0 | 84.6 | 1.3 |
| 晨鸣纸业水厂 | 100.0 | 0.0 | 82.8 | 1447.6 |
| 恒波水厂 | 100.0 | 0.0 | 87.1 | 7.4 |
| 成新水厂 | 100.0 | 0.0 | 88.8 | 9.0 |
| 朱港水厂 | 100.0 | 0.0 | 85.9 | 16.4 |
| 珠湖水厂 | 99.5 | 0.4 | 92.1 | 6.7 |

三峡水库蓄水运用后，鄱阳湖区圩垸的供水水位满足程度下降，大部分圩垸供水水位满足程度下降至90%以下，平均为87.5%。取水

水位的不满足月份主要集中于 9 月、10 月，年均缺水量 0.94 亿 $m^3$，占 2003—2019 年年均需水量 1.37 亿 $m^3$ 的 68.61%。

### 3.6.2 不同水位变动条件下湖区灌溉及城乡供水安全预测

分析 4 种江湖关系变化情景下鄱阳湖区灌溉及城乡供水安全水位的满足程度。

**1. 灌溉安全预测**

总体来看，4 种情景下鄱阳湖区圩垸灌溉取水水位的满足程度计算结果显示（见表 3.6-3），三峡水库蓄水运用前鄱阳湖区圩垸灌溉水位可以基本满足，灌溉水位满足程度基本可保持在 75%以上；在 2016 年地形及三峡水库等上游梯级水库调蓄后的水文情势下，鄱阳湖区灌溉水位不满足程度明显上升，灌溉水位满足程度迅速下降至 53%；而在三峡水库蓄水运用 30 年和 50 年后，受水沙条件调整及鄱阳湖区冲淤影响，湖区圩垸的灌溉水位满足程度总体呈下降趋势，其中运用 30 年下降至 34%，运用 50 年下降至 28%，大部分年份存在取水困难等问题，湖区以水位为主的水文情势变化，严重影响鄱阳湖灌溉取水。

**表 3.6-3　4 种情景下鄱阳湖区圩垸灌溉取水水位的满足程度**

| 名　称 | 情景 1 | | 情景 2 | | 情景 3 | | 情景 4 | |
|---|---|---|---|---|---|---|---|---|
| | 水位满足程度/% | 缺水量/万 $m^3$ | 水位满足程度/% | 缺水量/万 $m^3$ | 水位满足程度/% | 缺水量/万 $m^3$ | 水位满足程度/% | 缺水量/万 $m^3$ |
| 湖区合计 | 76.0～89.1 | 7032.0 | 16.3～78.0 | 14889.0 | 8.8～69.1 | 23787.0 | 6.4～47.7 | 36645.0 |
| 廿四联圩 | 81.5 | 241.0 | 65.0 | 959.0 | 48.1 | 1972.0 | 33.7 | 4206.0 |
| 赣西联圩 | 83.4 | 608.0 | 62.7 | 324.0 | 40.4 | 697.0 | 31.4 | 549.0 |
| 五星圩 | 80.6 | 8.3 | 16.3 | 130.0 | 10.4 | 177.0 | 7.6 | 355.0 |
| 梓埠联圩 | 88.1 | 66.6 | 56.8 | 183.0 | 35.6 | 344.0 | 26.2 | 628.0 |
| 抚东联圩 | 88.4 | 616.0 | 74.3 | 639.0 | 64.9 | 720.0 | 47.7 | 702.0 |

续表

| 名称 | 情景1 | | 情景2 | | 情景3 | | 情景4 | |
|---|---|---|---|---|---|---|---|---|
| | 水位满足程度/% | 缺水量/万 $m^3$ | 水位满足程度/% | 缺水量/万 $m^3$ | 水位满足程度/% | 缺水量/万 $m^3$ | 水位满足程度/% | 缺水量/万 $m^3$ |
| 陈家湖圩 | 84.5 | 21.1 | 35.9 | 65.0 | 8.8 | 144.0 | 6.5 | 295.0 |
| 马咀圩 | 81.9 | 92.4 | 53.6 | 216.0 | 37.5 | 356.0 | 27.6 | 577.0 |
| 信西联圩 | 82.2 | 77.0 | 72.7 | 119.0 | 56.8 | 236.0 | 41.7 | 349.0 |
| 罗溪圩 | 83.1 | 17.3 | 60.8 | 35.0 | 33.6 | 76.0 | 24.7 | 132.0 |
| 浆潭联圩 | 84.6 | 16.0 | 50.9 | 46.0 | 37.7 | 69.0 | 27.7 | 114.0 |
| 沙湖山圩 | 82.7 | 10.3 | 51.4 | 27.0 | 35.8 | 43.0 | 26.3 | 71.0 |
| 信瑞联圩 | 80.8 | 536.0 | 70.8 | 3879.0 | 60.6 | 5558.0 | 44.5 | 10729.0 |
| 康山联圩 | 89.0 | 156.0 | 70.5 | 318.0 | 57.8 | 494.0 | 42.5 | 740.0 |
| 古埠联圩 | 85.6 | 66.6 | 24.1 | 414.0 | 12.7 | 774.0 | 11.1 | 1728.0 |
| 枫富联圩 | 82.7 | 91.4 | 36.6 | 345.0 | 10.6 | 750.0 | 9.3 | 1622.0 |
| 大溪圩 | 86.3 | 17.3 | 74.8 | 17.0 | 38.3 | 73.0 | 33.6 | 101.0 |
| 共青联圩 | 88.5 | 32.1 | 49.1 | 113.0 | 31.1 | 191.0 | 27.2 | 355.0 |
| 附城联圩 | 88.6 | 5.0 | 58.2 | 14.0 | 42.0 | 23.0 | 36.8 | 39.0 |
| 金湖圩 | 88.2 | 11.9 | 57.0 | 33.6 | 31.8 | 68.0 | 27.9 | 130.0 |
| 荷溪圩 | 81.0 | 4.1 | 47.2 | 11.6 | 39.7 | 15.0 | 34.8 | 23.0 |
| 三角联圩 | 85.1 | 59.3 | 52.7 | 184.5 | 27.9 | 397.0 | 24.4 | 805.0 |
| 九合联圩 | 85.8 | 67.3 | 43.2 | 259.6 | 13.4 | 567.0 | 9.1 | 1237.0 |
| 永北联圩 | 83.0 | 12.2 | 39.1 | 44.1 | 9.4 | 94.0 | 6.4 | 199.0 |
| 矶山联圩 | 78.8 | 20.2 | 53.1 | 57.7 | 32.1 | 110.0 | 21.8 | 205.0 |
| 周溪 | 80.2 | 7.7 | 56.3 | 16.2 | 37.7 | 28.0 | 25.6 | 45.0 |
| 南溪 | 81.5 | 18.5 | 57.0 | 40.0 | 39.6 | 67.0 | 26.9 | 106.0 |
| 长乐联圩 | 88.6 | 1779.0 | 75.7 | 1861.0 | 62.6 | 2145.0 | 42.5 | 2120.0 |
| 红旗联圩 | 87.0 | 1381 | 77.8 | 1436.0 | 69.1 | 1611.0 | 46.9 | 1569.0 |
| 蒋巷联圩 | 88.8 | 154.0 | 63.9 | 434.0 | 50.6 | 785.0 | 34.4 | 1417.0 |
| 南新联圩 | 81.7 | 116.0 | 65.8 | 765.0 | 48.5 | 1583.0 | 32.9 | 3792.0 |

续表

| 名称 | 情景1 | | 情景2 | | 情景3 | | 情景4 | |
|---|---|---|---|---|---|---|---|---|
| | 水位满足程度/% | 缺水量/万 $m^3$ | 水位满足程度/% | 缺水量/万 $m^3$ | 水位满足程度/% | 缺水量/万 $m^3$ | 水位满足程度/% | 缺水量/万 $m^3$ |
| 水岚洲圩 | 82.1 | 32.7 | 53.4 | 79.5 | 40.7 | 118.0 | 35.7 | 184.0 |
| 中洲联圩 | 80.0 | 29.9 | 61.2 | 53.5 | 35.9 | 110.0 | 31.5 | 177.0 |
| 饶河联圩 | 89.1 | 59.5 | 45.9 | 247.0 | 25.3 | 518.0 | 22.2 | 1129.0 |
| 西河东联圩 | 83.1 | 67.2 | 61.3 | 135.0 | 33.6 | 296.0 | 29.5 | 513.0 |
| 乐丰联圩 | 83.6 | 98.0 | 38.8 | 297.0 | 14.4 | 712.0 | 12.6 | 1504.0 |
| 畲湾联圩 | 83.6 | 79.2 | 36.2 | 14.1 | 11.5 | 31.8 | 10.1 | 10.0 |
| 沿河圩 | 88.6 | 11.3 | 53.0 | 35.6 | 32.8 | 64.1 | 28.8 | 120.0 |
| 碗子圩 | 76.1 | 14.3 | 57.2 | 24.9 | 37.5 | 44.7 | 42.6 | 67.0 |
| 中洲联圩 | 80.4 | 28.3 | 27.5 | 103.9 | 11.1 | 212.1 | 12.6 | 441.0 |
| 潼丰联圩 | 85.3 | 19.7 | 51.6 | 56.0 | 35.8 | 90.4 | 40.7 | 154.0 |
| 问桂道圩 | 83.0 | 20.3 | 60.0 | 41.4 | 41.7 | 72.9 | 47.4 | 116.0 |
| 莲北圩 | 84.2 | 28.6 | 59.2 | 63.7 | 33.0 | 133.9 | 37.5 | 238.0 |
| 角丰圩 | 78.4 | 14.8 | 56.9 | 28.4 | 32.4 | 56.9 | 36.8 | 93.0 |
| 西河西联圩 | 77.5 | 21.0 | 53.9 | 41.9 | 34.9 | 73.6 | 39.7 | 116.0 |
| 扬子洲圩 | 77.9 | 27.8 | 35.3 | 77.1 | 11.6 | 104.0 | 13.2 | 160.0 |
| 成朱联圩 | 82.2 | 54.2 | 40.9 | 240.0 | 28.4 | 358.0 | 32.3 | 653.0 |
| 南湖圩 | 81.3 | 16.5 | 47.6 | 63.0 | 30.4 | 105.0 | 34.6 | 198.0 |

**2. 城乡供水安全预测**

4种情景下鄱阳湖区供水水厂取水水位的满足程度计算结果显示（见表3.6-4），鄱阳湖区水厂受三峡水库蓄水运用影响较为显著。三峡水库蓄水运用前鄱阳湖区水厂取水水位可以基本满足，满足程度基本可保持在95%以上；在2016年地形及三峡水库等上游梯级水库调蓄后的水文情势下，鄱阳湖区水厂取水水位不满足程度上升，水厂取水水位满足程度下降至90%；而在蓄水运用30年和50年后，水厂取水水位满足程度总体呈下降趋势，其中运用 30 下降至 85%，运用 50 年下降至 75%，部分水厂取水水位满足程度低于 50%，湖区以水位为主的水文情势变化不利于湖区供水安全。

**表 3.6-4 4 种情景下鄱阳湖区供水水厂取水水位的满足程度**

| 名　称 | 情景 1 | | 情景 2 | | 情景 3 | | 情景 4 | |
|---|---|---|---|---|---|---|---|---|
| | 水位满足程度/% | 缺水量/万 $m^3$ | 水位满足程度/% | 缺水量/万 $m^3$ | 水位满足程度/% | 缺水量/万 $m^3$ | 水位满足程度/% | 缺水量/万 $m^3$ |
| 合计 | 95.3～100.0 | 78.0 | 79.4～98.3 | 8139.0 | 53.3～93.4 | 11666.0 | 48.0～88.0 | 13321.0 |
| 吴城水厂 | 96.6 | 2.9 | 81.5 | 15.5 | 75.6 | 20.6 | 67.0 | 23.2 |
| 九合水厂 | 96.9 | 3.5 | 85.4 | 16.5 | 81.0 | 21.3 | 69.5 | 24.8 |
| 三角乡水厂 | 96.9 | 3.1 | 85.6 | 14.2 | 82.0 | 17.6 | 70.9 | 20.4 |
| 波湖水厂 | 97.0 | 0.4 | 90.8 | 1.3 | 84.7 | 2.2 | 76.6 | 2.4 |
| 华林水厂 | 96.1 | 5.5 | 89.7 | 14.6 | 84.3 | 22.0 | 76.3 | 24.4 |
| 蓼南水厂 | 96.5 | 4.9 | 91.2 | 12.3 | 84.4 | 22.1 | 76.8 | 24.3 |
| 蛟塘水厂 | 95.7 | 6.0 | 81.8 | 25.6 | 75.3 | 34.7 | 61.8 | 42.2 |
| 苏家垱水厂 | 97.6 | 3.3 | 83.1 | 23.7 | 78.2 | 30.6 | 64.6 | 37.0 |
| 沙湖山水厂 | 99.7 | 0.1 | 85.5 | 3.2 | 78.9 | 4.7 | 65.1 | 5.7 |
| 土塘镇水厂 | 99.9 | 0.3 | 95.2 | 10.8 | 89.4 | 23.8 | 82.6 | 25.8 |
| 西源乡水厂 | 100.0 | 0.0 | 91.2 | 7.4 | 89.2 | 9.1 | 80.5 | 10.1 |
| 周溪镇水厂 | 100.0 | 0.0 | 88.1 | 2.7 | 85.5 | 3.3 | 74.2 | 3.8 |
| 南峰乡水厂 | 98.0 | 0.1 | 87.9 | 0.7 | 82.6 | 1.0 | 71.9 | 1.1 |
| 万户镇水厂 | 100.0 | 0.0 | 89.4 | 59.6 | 86.3 | 77.0 | 75.8 | 87.6 |
| 狮山乡水厂 | 95.5 | 0.5 | 85.1 | 1.7 | 79.5 | 2.3 | 68.5 | 2.7 |
| 和合乡水厂 | 100.0 | 0.0 | 90.9 | 7.6 | 87.4 | 10.7 | 77.9 | 12.0 |
| 双港镇水厂 | 96.9 | 4.4 | 85.2 | 20.7 | 80.6 | 27.3 | 69.0 | 31.9 |
| 龙口水厂 | 96.0 | 4.5 | 85.2 | 16.6 | 79.8 | 22.7 | 68.6 | 26.4 |
| 银宝湖乡水厂 | 99.8 | 0.1 | 95.2 | 2.6 | 90.7 | 5.2 | 84.5 | 5.6 |

续表

| 名称 | 情景1 | | 情景2 | | 情景3 | | 情景4 | |
|---|---|---|---|---|---|---|---|---|
| | 水位满足程度/% | 缺水量/万 $m^3$ | 水位满足程度/% | 缺水量/万 $m^3$ | 水位满足程度/% | 缺水量/万 $m^3$ | 水位满足程度/% | 缺水量/万 $m^3$ |
| 珠湖乡水厂 | 99.8 | 0.2 | 93.8 | 9.0 | 90.4 | 13.4 | 83.4 | 14.5 |
| 鄱阳县水公司 | 99.8 | 4.3 | 95.0 | 148.5 | 91.2 | 245.7 | 85.1 | 263.4 |
| 磨刀石水厂 | 99.8 | 0.2 | 95.3 | 7.0 | 90.3 | 13.6 | 84.0 | 14.6 |
| 柘港乡水厂 | 99.9 | 0.2 | 98.0 | 5.7 | 91.3 | 24.6 | 86.5 | 26.0 |
| 潼港水厂 | 98.8 | 4.1 | 92.8 | 24.5 | 88.5 | 38.9 | 81.2 | 42.4 |
| 桥头水厂 | 99.5 | 1.8 | 91.2 | 29.8 | 87.3 | 42.9 | 78.3 | 47.8 |
| 昌洲乡水厂 | 99.7 | 0.2 | 96.2 | 2.1 | 92.8 | 4.0 | 88.0 | 4.3 |
| 古县渡水厂 | 95.3 | 7.9 | 82.5 | 29.5 | 76.8 | 39.0 | 64.2 | 46.7 |
| 古南伟华水厂 | 95.3 | 7.9 | 82.4 | 29.7 | 77.4 | 38.0 | 64.9 | 45.3 |
| 饶埠镇水厂 | 97.5 | 3.6 | 88.1 | 16.7 | 82.9 | 24.1 | 72.7 | 27.5 |
| 三庙前乡水厂 | 99.9 | 0.2 | 94.4 | 8.0 | 91.1 | 12.5 | 84.6 | 13.5 |
| 团林水厂 | 95.3 | 3.9 | 86.3 | 11.5 | 79.8 | 17.0 | 69.5 | 19.5 |
| 鄱中水公司 | 98.9 | 1.6 | 91.0 | 12.7 | 88.3 | 16.5 | 80.0 | 18.2 |
| 余干县水厂 | 100.0 | 0.0 | 87.3 | 178.4 | 81.7 | 257.1 | 69.0 | 304.2 |
| 瑞洪水厂 | 100.0 | 0.0 | 90.1 | 33.4 | 81.5 | 62.4 | 69.9 | 72.7 |
| 江埠西城水厂 | 100.0 | 0.0 | 88.1 | 110.3 | 82.2 | 165.0 | 70.0 | 193.8 |
| 杨埠水厂 | 100.0 | 0.0 | 87.6 | 22.7 | 86.6 | 24.5 | 75.4 | 28.1 |
| 鹭鸶港双港水厂 | 100.0 | 0.0 | 87.7 | 34.6 | 87.2 | 35.9 | 76.3 | 41.1 |
| 石口水厂 | 100.0 | 0.0 | 89.6 | 35.1 | 85.7 | 48.2 | 75.1 | 55.0 |
| 古埠镇为民水厂 | 100.0 | 0.0 | 89.7 | 26.0 | 85.2 | 37.4 | 74.5 | 42.8 |
| 白马桥乡高源水厂 | 100.0 | 0.0 | 88.1 | 26.7 | 86.8 | 29.7 | 75.9 | 33.9 |
| 枫港乡禾山水厂 | 100.0 | 0.0 | 89.4 | 23.8 | 81.7 | 41.1 | 69.9 | 48.1 |
| 幽兰镇水厂 | 99.8 | 0.3 | 98.3 | 2.4 | 91.7 | 11.7 | 87.3 | 12.3 |
| 武阳镇水厂 | 99.8 | 0.3 | 98.1 | 2.7 | 92.1 | 11.2 | 87.8 | 11.7 |
| 南新乡水厂 | 100.0 | 0.0 | 79.4 | 57.9 | 66.5 | 94.2 | 48.5 | 129.1 |

续表

| 名　称 | 情景 1 | | 情景 2 | | 情景 3 | | 情景 4 | |
|---|---|---|---|---|---|---|---|---|
| | 水位满足程度/% | 缺水量/万 $m^3$ | 水位满足程度/% | 缺水量/万 $m^3$ | 水位满足程度/% | 缺水量/万 $m^3$ | 水位满足程度/% | 缺水量/万 $m^3$ |
| 泾口乡水厂 | 99.8 | 0.7 | 97.2 | 9.6 | 92.1 | 26.8 | 87.3 | 28.2 |
| 塘南镇水厂 | 100.0 | 0.0 | 96.8 | 9.0 | 89.7 | 29.1 | 83.6 | 31.2 |
| 蒋巷水厂 | 100.0 | 0.0 | 82.0 | 50.7 | 77.4 | 63.6 | 61.7 | 79.8 |
| 昌南水厂 | 100.0 | 0.0 | 89.0 | 773.0 | 85.0 | 1054.0 | 74.0 | 1211.5 |
| 冈上水厂 | 100.0 | 0.0 | 90.0 | 16.9 | 86.0 | 21.8 | 75.7 | 24.8 |
| 幽兰镇水厂 | 99.8 | 0.3 | 98.3 | 2.4 | 91.7 | 11.7 | 87.3 | 12.3 |
| 武阳镇水厂 | 99.8 | 0.3 | 98.1 | 2.7 | 92.1 | 11.2 | 87.8 | 11.7 |
| 南新乡水厂 | 100.0 | 0.0 | 79.4 | 57.9 | 66.5 | 94.2 | 48.5 | 129.1 |
| 泾口乡水厂 | 99.8 | 0.7 | 97.2 | 9.6 | 92.1 | 26.8 | 87.3 | 28.2 |
| 塘南镇水厂 | 100.0 | 0.0 | 96.8 | 9.0 | 89.7 | 29.1 | 83.6 | 31.2 |
| 架桥水厂 | 99.8 | 0.3 | 94.2 | 8.2 | 92.7 | 10.3 | 86.8 | 11.0 |
| 三里水厂 | 100.0 | 0.0 | 94.4 | 7.8 | 90.8 | 13.1 | 84.1 | 14.1 |
| 七里乡水厂 | 99.8 | 0.3 | 95.3 | 5.3 | 90.9 | 10.3 | 84.8 | 11.0 |
| 青云水厂 | 100.0 | 0.0 | 90.4 | 1623.4 | 86.0 | 2363.7 | 75.9 | 2680.0 |
| 朝阳水厂 | 100.0 | 0.0 | 89.0 | 925.3 | 86.1 | 1168.2 | 75.4 | 1334.4 |
| 长堎水厂 | 100.0 | 0.0 | 91.0 | 252.3 | 86.0 | 392.4 | 76.1 | 443.3 |
| 牛行水厂 | 100.0 | 0.00 | 88.8 | 313.8 | 85.0 | 420.0 | 73.9 | 483.3 |
| 双港水厂 | 100.0 | 0.00 | 86.4 | 459.0 | 81.1 | 634.8 | 67.9 | 758.0 |
| 杨子洲水厂 | 100.0 | 0.0 | 86.5 | 18.9 | 81.9 | 25.4 | 69.0 | 30.2 |
| 南昌发电厂 | 100.0 | 0.0 | 90.5 | 1065.0 | 86.6 | 1503.3 | 76.7 | 1697.7 |
| 南铁水厂 | 100.0 | 0.0 | 88.9 | 93.9 | 85.0 | 126.2 | 73.9 | 145.1 |
| 华源江纺水厂 | 100.0 | 0.0 | 91.4 | 24.2 | 86.5 | 37.8 | 76.9 | 42.5 |
| 硬质合金水厂 | 100.0 | 0.0 | 87.5 | 1.1 | 81.7 | 1.5 | 69.1 | 1.8 |
| 晨鸣纸业水厂 | 100.0 | 0.0 | 85.8 | 1198.5 | 79.8 | 1700.7 | 66.1 | 2054.1 |
| 恒波水厂 | 100.0 | 0.0 | 88.6 | 6.4 | 85.5 | 8.1 | 74.4 | 9.3 |

续表

| 名称 | 情景1 | | 情景2 | | 情景3 | | 情景4 | |
|---|---|---|---|---|---|---|---|---|
| | 水位满足程度/% | 缺水量/万 $m^3$ | 水位满足程度/% | 缺水量/万 $m^3$ | 水位满足程度/% | 缺水量/万 $m^3$ | 水位满足程度/% | 缺水量/万 $m^3$ |
| 成新水厂 | 100.0 | 0.0 | 90.5 | 8.0 | 87.0 | 11.0 | 77.2 | 12.4 |
| 朱港水厂 | 100.0 | 0.0 | 90.0 | 14.1 | 81.7 | 25.7 | 70.1 | 30.0 |
| 珠湖水厂 | 99.5 | 0.4 | 92.6 | 6.2 | 91.6 | 7.0 | 84.8 | 7.6 |

## 3.7 小结

本章通过分析洞庭湖区与鄱阳湖区灌溉供水周期性需水规律的基础上，开展两湖可供水量与湖区总需水量的供需两侧平衡分析，找出湖区干旱发生的主要影响因素，并进一步提出灌溉供水安全指标，为两湖水资源综合利用与调控奠定基础，主要结论如下：

（1）水位下降是造成两湖灌溉及城乡供水缺水的主要原因。两湖湖区灌溉及城乡供水设施大多基于三峡水库运用之前的水文系列，按照规范进行工程设计和建设，2003 年前基本满足取水要求。三峡水库蓄水运用以来，受水库群调蓄、江湖冲淤、丰枯变化等因素共同作用，相较于三峡水库蓄水运用前，枯期中下游干流水位下降，导致荆南三口分流减小、两湖湖区水位下降，受入湖水量减少和加速拉出效应共同影响，虽然湖泊水量减少，但仍能满足湖区灌溉及城乡供水需水量；然而，湖区水位下降导致灌溉及水厂供水设施与目前水文节律不相适应，设施普遍取水困难，缺水成为常态。三峡水库蓄水运用 30 至 50 年后，由于长江干流河道进一步冲刷，湖区水位降低呈趋势性变化，湖区枯水情势持续加剧。

（2）相较于三峡水库蓄水运用前，9—10 月洞庭湖区和鄱阳湖区水位下降幅度最大，分别为 0.81～1.63m 和 1.36～2.12m，越靠近长江干流水位降幅越大，其中水库蓄水调度为主要影响因素，因此三峡水库蓄水运用以来两湖区灌溉供水安全问题主要集中表现在9—10月。两湖区低枯水位通常出现在12月至次年2月，相较于三峡水库蓄水运用前，由于上游水库补水作用，该时段干流水位有所抬升，但对湖区作用范围有限，湖区水位抬升不明显，两湖绝大部分站点水位下降，因此三峡水库蓄水运用以来两湖区城乡供水安全问题主要集中表现在12月至次年2月。

（3）基于湖区水面线变化规律和水位相关关系、灌溉及城乡供水取水设施空间分布，划分湖区并选代表取水文（位）站，根据取水设施高程确定灌溉及城乡供水安全判别标准，并用相应代表站水位表征，如东洞庭湖北区选取七里山站24.5m、鄱阳湖入江水道区域选取星子站15.0m作为灌溉安全水位。

（4）三峡水库蓄水运用前，两湖湖区灌溉及城乡供水设施基本与水文节律相适应，三峡水库蓄水运用以来，受水库调蓄、河湖冲淤、丰枯变化等综合因素影响，湖区灌溉及城乡供水安全水位满足程度明显下降。在2003年以前，洞庭湖区圩垸灌溉水位满足程度基本在75%左右，年内缺水时段主要出现在春灌期的4—5月，主要受部分年份天然来水偏枯影响，而2003—2019年满足程度降低至46%，年内缺水时段主要出现在秋灌期的9—10月，主要受三峡等上游控制性水库群蓄水影响，缺水成为常态；从洞庭湖水厂供水水位满足程度由三峡水库蓄水运用前的95%以上降低至三峡水库蓄水运用以来的82%。鄱阳湖区圩垸灌溉水位满足程度由三峡水库蓄水运用前的75%左右降低至三峡水库蓄水运用以来的42.7%，水位不满足月份主要集中于9—10月；鄱阳湖区水厂供水水位满足程度由三峡水库蓄水运用前的超过95%降低至三峡水库蓄水运用以来的87%。

# 4

# 江湖关系变化下两湖水资源综合利用与调控模式研究

本章以湖区水资源响应机制为纽带，以水资源利用安全问题为导向，以水资源利用安全为目标，开展适应性综合调控研究。研究有利于改善湖区水资源安全形势的长江上游三峡水库和湖区四水五河水库群优化调控方案，分析水库群调度运行对湖区水资源利用安全的潜在调控能力；针对两湖下边界江湖交互处，采取两湖调控措施，以减缓长江干流水文节律对湖区水文节律的影响，优化调整与湖区水资源利用所需水位相适应的水文节律；针对两湖湖区内部，采取湖区圩垸多源互济统筹调配、提引水设施更新改造等适应性应对措施，以增加湖区蓄水能力、降低水资源利用安全水位，优化调整与水文节律相适应的水资源利用方案；最后提出综合调控方案建议。

## 4.1 模型构建

### 4.1.1 水库调度模型

**1. 基本方程**

调洪计算是将水库库容曲线、入库洪水过程线、调度规则以及泄洪建筑物类型、尺寸作为已知的基本资料和条件，对水库进行逐时段的水量平衡和动量平衡运算，从而推求水库水位过程和下泄流量过程线。其运动规律可用圣维南方程组来描述：

连续方程：

$$\frac{\partial A}{\partial t}+\frac{\partial Q}{\partial x}=0 \tag{4.1-1}$$

运动方程：

$$-\frac{\partial Z}{\partial x}=\frac{1}{g}\frac{\partial u}{\partial t}+\frac{u}{g}\frac{\partial u}{\partial x}+\frac{\partial h_f}{\partial x} \tag{4.1-2}$$

式中：$x$ 为距离，m；$t$ 为时间，s；$A$ 为过水断面的面积，$m^2$；$Q$ 为过水断面的流量，$m^3/s$；$Z$ 为过水断面的水位，m；$u$ 为过水断面的平均流速，m/s；$g$ 为重力加速度，$m/s^2$；$h_f$ 为克服摩擦阻力所损耗的能量水头，m。

**2. 计算方法**

方程式（4.1-1）和方程式（4.1-2）目前在数学上尚无解析解法，应用于水库调洪计算时，根据所考虑的因素不同，主要有静库容法、动库容法和非恒定流三类解法。静库容法是水库调洪计算中应用最广的方法，其计算相对较为简单，实测资料证明在大多数水库应用效果较好，本书研究采用静库容法求解。

将水库洪水的非恒定流问题近似地作为恒定流来处理，即略去运动方程。假定水库库容 $V$ 与库水位 $Z$ 在有限时段 $\Delta t$ 内成直线变化，将连续方程式（4.1-1）简化为成以下差分形式的水库水量平衡方程式：

$$\frac{Q_{初}+Q_{末}}{2}\Delta t-\frac{q_{初}+q_{末}}{2}\Delta t=V_{末}-V_{初} \tag{4.1-3}$$

式中：$Q_{初}$、$Q_{末}$分别为时段始末的入库流量，$m^3/s$；$q_{初}$、$q_{末}$分别为时段始末的出库流量，$m^3/s$；$V_{初}$、$V_{末}$分别为时段始末的水库蓄水量，$m^3$；$\Delta t$ 为计算时段，s，其长短的选择以能比较精确地反映洪水过程的形状为原则。

方程式（4.1-3）中 $Q_{初}$、$Q_{末}$ 均作为已知值，根据起调条件，调洪起始水位也为已知，即 $q_{初}$、$V_{初}$ 为已知，$\Delta t$ 可选定，未知数有 $q_{末}$ 和 $V_{末}$，因此方程不能独立求解，还需建立第二个方程。

方程式（4.1-2）可近似地用水库泄水建筑物泄流能力曲线所表示的泄流量 $q$ 与坝前水位 $Z$（或蓄水量 $V$）和水库运行方式（包括泄洪设备闸门的起闭方式 $\theta$）的关系表示：

$$q=f(Z,\theta)\text{或}q=f(V,\theta) \tag{4.1-4}$$

式中：$\theta$ 为水库运行规则或调度方式；$f$ 为函数关系，一般为非线性关系。

在计算时，给定水库调洪计算初始条件和已知入库洪水过程线时，联立式（4.1-3）、式（4.1-4），就可以求出整个调洪过程的坝前库水位、下泄流量等。这就是水库调洪计算所遵循的基本原理。由于一些资料（如水位库容关系、泄量曲线等）难以用解析形式表示，故直接求解式（4.1-3）、式（4.1-4）有困难，一般采用试算法。

**3. 发电**

水库调度的中心问题是拟订水库的蓄泄方式和规则，满足发电保证率的要求，发挥水库的最大效益。此调度问题的数学表达式是确定以下函数关系，即

$$q=f(V,t)\text{或}N=f(V,t) \tag{4.1-5}$$

式中：$q$ 为发电用水流量，$m^3/s$；$N$ 为电站出力，W；$V$ 为水库蓄水量，$m^3$；$t$ 为时间，s。

在水库来水不能准确预知的情况下，实际水库发电调度中一般根据过去获得的径流资料编绘的水库调度图，作为水库运行调度的工具。水库调度图综合反映了水库在各种条件下的调度规则，在调度过程中，视库水位落于哪一个区域就按该区域要求调度运行。

按水库调度图进行计算，一般应遵循以下调度规则：当库水位落于保证出力区时，水电站以保证出力 $N_{保}$ 工作；当库水位落于加大出力区时，水电站按加大出力线指示出力发电；当库水位落于预想出力区

时，水电站按预想出力发电；当库水位落于降低出力区时，按相应的降低出力线的指示发电；当库水位落于防洪调度区时，按相应的调洪规则（方式）运行。

**4. 考虑水库防洪的发电调度计算**

当库水位落在防洪调度区时，按防洪调度规则进行调洪计算，并根据调洪的水位、下泄流量进行发电计算；当水库有航运要求时，发电调度还必须先满足航运调度需要的水位和下泄流量。发电量计算公式如下：

$$E=9.81\eta QHT=KQHT \qquad (4.1-6)$$

式中：$T$ 为时间，h；$Q$ 为发电流量，$m^3/s$；$H$ 为发电净水头，等于水库上、下游水位差 $Z_{上}-Z_{下}$ 减去水头损失 $\Delta H$，水头损失 $\Delta H$ 按枢纽设计中提出的流量-水头损失关系计算，m；$E$ 为发电量，kW·h；$\eta$ 为机电效率系数；$K$ 为出力系数，$K=9.81\eta$。

**5. 模型验证**

根据三峡水库 2017 年实际调度方式，模拟水库调度过程，2017 年三峡水库实测与计算下泄流量过程对比见图 4.1-1，可见模型基本可以反映水库实际调度过程。

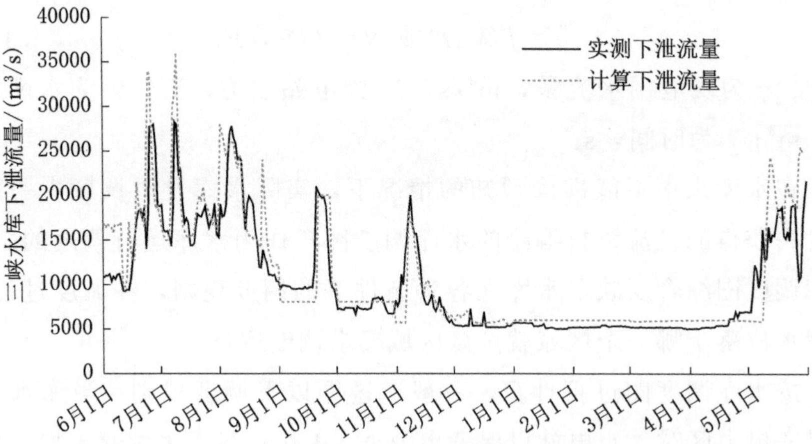


图 4.1-1 2017 年三峡水库实测与计算下泄流量过程对比

### 4.1.2 湖区圩垸多水源调配模型

#### 4.1.2.1 建模思路

湖区圩垸主要为工程性缺水，两湖水资源优化配置应在避免工程手段的基础上，加强湖区圩垸之间的水力联系，增加垸区备用水源，优化配置多水源，减少消落期提前湖区水位下降对灌溉供水保证率的影响。部分圩垸除湖区外无其他水源，则给出圩垸取水工程取水口改建建议。

两湖缺水圩垸附近有内湖、圩垸内圩堤蓄水、其他支流等多种水源，通过实地考察、GIS遥感数据、区域水系情况等资料，提出工程或非工程措施，建立垸区与多水源的水力联系，开展多个圩垸、多个水源的水资源优化调配，以枯水期（9月至次年3月）为规划期，优化每个时段各作物的灌溉水量，使整个圩垸灌溉效益最大。模型可根据不同来流过程，配置两湖地区典型圩垸的水资源，保障两湖灌溉供水效益最优。

另外，考虑到江湖关系变化背景下两湖湖区水位年内变化趋势逐渐明朗，9月、10月水位相比三峡水库蓄水运用前长期呈下降趋势，因此在水资源优化调配的前提下，根据两湖冲淤及水位变化模拟预测成果，给出缺水垸区取水工程改造的建议（进水口底板高程）。

**1. 洞庭湖**

根据对洞庭湖现状灌溉保证率分析，东洞庭湖区圩垸受江湖关系变化影响较大，保证率较低，因此洞庭湖水资源调配模型，以东洞庭湖为主。1960—2019年长系列洞庭湖区现状灌溉及城乡供水安全分析统计中，出现缺水月份的圩垸，主要分布在东洞庭湖北部，其中南湖垸、建新垸缺水年份17年，保证率71.7%，君山垸、永济垸、钱粮湖南北垸、大通湖东垸缺水年份均少于5年，保证率大于90%。洞庭湖水资源调配以南湖垸、建新垸、君山垸、永济垸、钱粮湖南北垸、大通湖东垸为建模对象，通过分析垸区之间水力联系的可行性、圩垸附近多水源可供水量，进行多水源优化配置，提高缺水垸区灌溉保证率。

**2. 鄱阳湖**

鄱阳湖水资源调配模型，考虑将相同圩区利用渠道或临时泵站建立水力联系，一方面可以增加相邻圩区的水源数量，另一方面结合圩堤内部存储水量，有优化水量配置的可行性。分片原则：①尽量选择相邻圩堤，且已有输水线路；②无输水线路的相邻圩堤，在提出渠道连接方案时，应考虑渠道尽量不穿堤防。

圩区引外湖水的提水设施的底板高程，以及圩区内引取水工程至灌区的底板高程，缺少部分圩区资料，按照各圩区所在县区的引提水高程范围结合圩区蓄水位给出，并进一步推算圩区存水的可利用量。

**4.1.2.2 模型原理**

**1. 大系统递阶结构**

以湖区各类水源及供水能力为基础，以湖区圩垸为单元，将湖区划分为多个圩垸组成的分区。

**2. 水资源优化分配数学模型**

(1) 目标函数。以区域经济、社会、生态综合效益最大为区域水资源优化分配的目标，构建协调层总目标函数：

$$V=(E,-S,N) \qquad (4.1-7)$$

式中：$V$ 为区域经济、社会、生态的综合效益，万元；$E$ 为区域经济效益（经济效益目标），万元；$S$ 为区域各行政分区供水满足的公平程度（社会效益目标），其值越小，表明各分区间公平性越好；$N$ 为区域的生态需水满足程度（生态效益目标），其值越大，表明整个区域生态需水满足程度越高。

该模型只考虑了空间上的分配，没有考虑时间上的分配，可以对每月（旬）分别使用模型进行分配。如果需要在时间上分配，在模型中加上时间变量即可。

1) 经济效益目标。选用水资源的经济净效益来度量水资源合理分配的经济效益目标。以区域供水净效益最大为目标，经济效益目标函数表示为：

$$E=\max\sum_{j=1}^{J}\sum_{i=1}^{I(j)}(v_{ij}-c_{ij})x_{ij}\beta_{ij}w_j \tag{4.1-8}$$

式中：$E$ 为区域总供水净效益，万元；$j$ 为分区指标；$J$ 为分区数目；$i$ 为用水部门指标；$I(j)$ 为分区 $j$ 内用水部门的数目；$x_{ij}$ 为分区 $j$ 内用水部门 $i$ 的配水量，万 $m^3$；$v_{ij}$ 为效益系数，元/$m^3$；$c_{ij}$ 为费用系数，元/$m^3$；$\beta_{ij}$ 为分区 $j$ 内用水部门 $i$ 的公平系数；$w_j$ 为分区 $j$ 的权重系数。在后期计算中，$J$ 取 12，$I(j)$ 取 4。

2）社会效益目标。社会效益目标侧重于供水的公平性，可引进经济学中基尼系数的概念来度量。根据基尼系数的含义，可以通过考察“缺水率”来反映供水的公平性。缺水率指用水户缺水量与需水量的比值。以所有分区缺水率的差异最小为目标，社会效益目标函数为：

$$S=\min\sum_{j=1}^{J}\sum_{j'=2,j'>j}^{J}\frac{|x_j/d_j-x_{j'}/d_{j'}|}{J\sum_{j=1}^{J}(x_j/d_j)} \tag{4.1-9}$$

其中

$$x_j=\sum_{i=1}^{I(j)}x_{ij},d_j=\sum_{i=1}^{I(j)}d_{ij} \tag{4.1-10}$$

式中：$S$ 为配水基尼系数（社会效益目标），为逆向目标，值域为 [0，1]；$x_j$ 为分区 $j$ 总的分配水量，万 $m^3$；$d_{ij}$ 为分区 $j$ 内用水部门 $i$ 的需水量，万 $m^3$；$d_j$ 为分区 $j$ 总的需水量，万 $m^3$。

（2）约束条件。

1）需水量约束：

$$a_{ij}d_{ij}\leqslant x_{ij}\leqslant d_{ij} \tag{4.1-11}$$

式中：$a_{ij}$ 为分区 $j$ 内用水部门 $i$ 需水量保证率下限。

2）可供水量约束：

$$\sum_{j=1}^{J}\sum_{i=1}^{I}x_{ij}\leqslant \mathrm{WS} \tag{4.1-12}$$

式中：WS 为整个区域的可供水量，万 $m^3$。

3）非负约束：

$$x_{ij} \geqslant 0$$

式中：$x_{ij}$ 为分区 $j$ 内生态用水的分配水量，万 $m^3$。

多水源互济水资源优化配置过程见图 4.1-2。

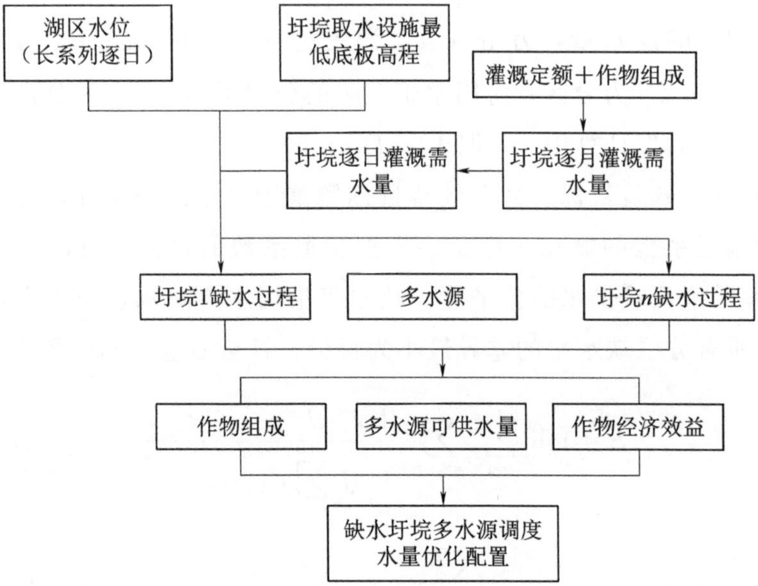


图 4.1-2 多水源互济水资源优化配置过程

## 4.2 三峡水库调度对两湖水位节律变化影响及优化调控

三峡工程是长江治理与保护的关键性骨干工程。工程运行以来，发挥了巨大的防洪、发电、航运、水资源利用等综合效益。三峡水库要发挥综合效益，需要对长江上游 100 万 $km^2$ 集水面积的径流过程进行调洪补枯调节，汛末调蓄洪水，枯水期加大下泄，主汛期蓄洪削峰，从而对两湖水文情势产生影响。根据三峡及上游水库群运用以来两湖水文情势及两湖水资源变化及成因分析成果，三峡水库蓄水期 9—10 月湖区水位下降明显，两湖灌溉及城乡供水安全水位满足程度下降，随着江湖关系进一步变化，安全水位满足程度将进一步下降。

从三峡水库不同蓄水方案对两湖水文情势的影响，分析通过三峡水库调度缓解湖区持续枯水情势和水资源利用的效果、影响及其可能性。

### 4.2.1　调度方案拟定

20 世纪 90 年代，三峡水库初步设计阶段，拟定的三峡水库蓄水方案为：10 月 1 日开始蓄水，11 月底蓄满。在 2006—2008 年三峡初期蓄水经验总结的基础上，2009 年国务院批准了《三峡水库优化调度方案》，将水库开始兴利蓄水的时间从初设阶段的 10 月 1 日提前到了 9 月 15 日，蓄满时间为 10 月底。在总结 2010—2012 年水库试验性调度经验的基础上，2013 年三峡水库的蓄水调度方案将兴利蓄水时间进一步提前至 9 月 10 日。

在 2020 年 7 月《水利部关于〈三峡（正常运行期）-葛洲坝水利枢纽梯级调度规程（2019 年修订版）〉的批复》（水三峡〔2020〕135 号）（以下简称“2020 年调度规程”）中，拟定三峡水库开始兴利蓄水时间不早于 9 月 10 日，8 月 21 日至 9 月 10 日在满足防洪要求的前提下，水库水位可适当上浮，9 月 10 日水位可控制在 150～155m。

在 2020 年调度规程基础上，拟定三峡水库蓄水方案（见表 4.2-1）。

方案 1 以《水利部关于〈三峡（正常运行期）-葛洲坝水利枢纽梯级度规程（2019 年修订版）〉的批复》（水三峡〔2020〕135 号）的蓄水方案为基础。拟定 8 月 20 日开始蓄水，起蓄水位为 146.5m，8 月底控制 150m，9 月底控制 165m，10 月底蓄满，8 月入库流量大于 10000$m^3$/s 时按 10000$m^3$/s 下泄、小于 10000$m^3$/s 时按入库流量下泄，9 月最小下泄流量为 8000～10000$m^3$/s，10 月入库流量大于 8000$m^3$/s 时按 8000$m^3$/s 下泄、小于 8000$m^3$/s 时按入库流量下泄。

方案 2 在方案 1 的基础上，8 月 10 日开始蓄水，起蓄水位为 146.5m，8 月 20 日控制 150m，8 月底控制 155m，9 月底控制水位

表 4.2-1 三峡水库蓄水方案

| 方案编号 | 蓄水方案 | | | | | | | | |
|---|---|---|---|---|---|---|---|---|---|
| | 起蓄时间 | 8月最小下泄流量/($m^3$/s) | 8月控制水位/m | 9月最小下泄流量/($m^3$/s) | 9月控制水位/m | 10月最小下泄流量/($m^3$/s) | 10月控制水位/m | 11月最小下泄流量/($m^3$/s) | 11月控制水位/m |
| 方案0 | 三峡水库不蓄水 | | | | | | | | |
| 方案1 | 8月20日 | ≥10000或来水 | 146.5（20日），150（31日） | 8000～10000 | 155（10日），165（30日） | ≥8000或来水 | 175（31日） | | |
| 方案2 | 8月10日 | ≥10000或来水 | 146.5（10日），150（20日），155（31日） | 8000～10000 | 167（30日） | ≥8000或来水 | 175（31日） | | |
| 方案3 | 8月20日 | ≥10000或来水 | 146.5（20日），150（31日） | 8000～10000 | 163（30日） | ≥8000或来水 | 170（31日） | ≥6000或来水 | 175（30日） |

167m，10月底蓄满，各月最小下泄流量同方案2。

方案3在方案1的基础上，8月20日开始蓄水，起蓄水位为146.5m，8月底控制150m，9月底控制水位163m，10月底控制水位170m，11月底蓄满，10月之前各月最小下泄流量同方案2，11月入库流量大于6000m³/s时按6000m³/s下泄、小于6000m³/s时按入库流量下泄。

### 4.2.2 各方案对两湖水资源利用改善作用分析

选取2008—2019年水情条件下，三峡水库不同蓄水方案对城陵矶站和湖口站水位影响情况分别见表4.2-2和表4.2-3，三峡水库不同蓄水方案下城陵矶站和湖口站2008—2019年多年平均水位过程比较分别见图4.2-1和图4.2-2。

**表4.2-2 三峡水库不同蓄水方案对城陵矶（莲花塘）站水位影响情况统计表**

| 年份 | 月份 | 平均水位/m | | | |
|---|---|---|---|---|---|
| | | 实测还原 | 方案1-实测还原 | 方案2-实测还原 | 方案3-实测还原 |
| 2008 | 8 | 29.57 | −0.06 | −0.68 | −0.06 |
| | 9 | 29.88 | −0.83 | −0.37 | −0.74 |
| | 10 | 25.99 | −1.37 | −1.20 | −0.93 |
| | 11 | 28.26 | −0.36 | −0.30 | −0.65 |
| 2009 | 8 | 30.81 | −0.07 | −0.37 | −0.07 |
| | 9 | 26.40 | −0.98 | −0.89 | −0.85 |
| | 10 | 24.19 | −1.56 | −1.28 | −1.11 |
| | 11 | 21.75 | −0.47 | −0.37 | −1.06 |
| 2010 | 8 | 29.65 | −0.04 | −0.26 | −0.04 |
| | 9 | 30.22 | −1.24 | −1.32 | −1.16 |
| | 10 | 26.25 | −0.86 | −0.60 | −0.43 |
| | 11 | 22.60 | −0.46 | −0.39 | −0.93 |

续表

| 年份 | 月份 | 平均水位/m | | | |
|---|---|---|---|---|---|
| | | 实测还原 | 方案 1 -实测还原 | 方案 2 -实测还原 | 方案 3 -实测还原 |
| 2011 | 8 | 26.98 | −0.06 | −0.29 | −0.06 |
| | 9 | 25.06 | −0.97 | −1.04 | −0.85 |
| | 10 | 24.51 | −1.59 | −1.30 | −1.12 |
| | 11 | 23.62 | −0.45 | −0.36 | −2.03 |
| 2012 | 8 | 31.04 | −0.05 | −0.29 | −0.05 |
| | 9 | 28.31 | −0.77 | −0.86 | −0.68 |
| | 10 | 25.69 | −1.57 | −1.29 | −1.13 |
| | 11 | 24.08 | −0.48 | −0.41 | −0.97 |
| 2013 | 8 | 27.45 | −0.05 | −0.28 | −0.05 |
| | 9 | 26.95 | −0.92 | −1.02 | −0.83 |
| | 10 | 24.63 | −1.66 | −1.35 | −1.17 |
| | 11 | 21.87 | −0.47 | −0.38 | −0.99 |
| 2014 | 8 | 29.54 | −0.03 | −0.20 | −0.03 |
| | 9 | 30.55 | −0.66 | −0.80 | −0.57 |
| | 10 | 26.02 | −1.28 | −1.05 | −0.87 |
| | 11 | 24.32 | −0.40 | −0.33 | −0.74 |
| 2015 | 8 | 26.08 | −0.05 | −0.29 | −0.05 |
| | 9 | 27.21 | −0.90 | −0.99 | −0.80 |
| | 10 | 25.17 | −1.56 | −1.29 | −1.13 |
| | 11 | 24.83 | −0.43 | −0.37 | −0.75 |
| 2016 | 8 | 29.69 | −0.05 | −0.31 | −0.05 |
| | 9 | 24.18 | −1.26 | −1.26 | −1.05 |
| | 10 | 23.79 | −1.45 | −1.20 | −1.03 |
| | 11 | 23.70 | −0.40 | −0.33 | −0.77 |
| 2017 | 8 | 27.26 | −0.05 | −0.29 | −0.05 |
| | 9 | 26.71 | −0.91 | −1.00 | −0.82 |

续表

| 年份 | 月份 | 平均水位/m | | | |
|---|---|---|---|---|---|
| | | 实测还原 | 方案1-实测还原 | 方案2-实测还原 | 方案3-实测还原 |
| 2017 | 10 | 27.77 | −1.50 | −1.30 | −1.20 |
| | 11 | 23.34 | −0.06 | 0.06 | −0.37 |
| 2018 | 8 | 28.85 | −0.04 | −0.24 | −0.04 |
| | 9 | 25.61 | −1.05 | −1.18 | −0.93 |
| | 10 | 26.57 | −1.36 | −1.11 | −0.97 |
| | 11 | 23.72 | −0.50 | −0.45 | −0.85 |
| 2019 | 8 | 28.72 | −0.05 | −0.30 | −0.05 |
| | 9 | 24.89 | −1.03 | −1.09 | −0.91 |
| | 10 | 24.33 | −1.38 | −1.13 | −0.99 |
| | 11 | 22.07 | −0.49 | −0.41 | −0.85 |
| 多年平均 | 8 | 28.71 | −0.05 | −0.32 | −0.05 |
| | 9 | 27.37 | −0.96 | −0.99 | −0.85 |
| | 10 | 25.70 | −1.43 | −1.18 | −1.01 |
| | 11 | 23.60 | −0.41 | −0.34 | −0.91 |

**表 4.2-3　三峡水库不同蓄水方案对湖口站水位影响情况统计表**

| 年份 | 月份 | 平均水位/m | | | |
|---|---|---|---|---|---|
| | | 实测还原 | 方案1-实测还原 | 方案2-实测还原 | 方案3-实测还原 |
| 2008 | 8 | 16.14 | −0.02 | −0.30 | −0.02 |
| | 9 | 16.83 | −0.63 | −0.52 | −0.58 |
| | 10 | 13.32 | −1.14 | −0.98 | −0.81 |
| | 11 | 14.68 | −0.51 | −0.43 | −0.58 |
| 2009 | 8 | 17.20 | −0.02 | −0.17 | −0.02 |
| | 9 | 13.97 | −0.62 | −0.70 | −0.56 |
| | 10 | 11.10 | −1.37 | −1.13 | −0.99 |

续表

| 年份 | 月份 | 平均水位/m | | | |
|---|---|---|---|---|---|
| | | 实测还原 | 方案1-实测还原 | 方案2-实测还原 | 方案3-实测还原 |
| 2009 | 11 | 9.18 | −0.60 | −0.48 | −0.81 |
| 2010 | 8 | 17.72 | −0.02 | −0.11 | −0.02 |
| | 9 | 17.39 | −0.87 | −1.00 | −0.83 |
| | 10 | 14.39 | −0.86 | −0.66 | −0.51 |
| | 11 | 10.29 | −0.51 | −0.44 | −0.76 |
| 2011 | 8 | 13.74 | −0.02 | −0.15 | −0.02 |
| | 9 | 12.17 | −0.72 | −0.87 | −0.65 |
| | 10 | 12.00 | −1.29 | −1.07 | −0.96 |
| | 11 | 10.47 | −0.57 | −0.43 | −1.65 |
| 2012 | 8 | 11.59 | −0.09 | −0.08 | −0.60 |
| | 9 | 17.84 | −0.01 | −0.11 | −0.01 |
| | 10 | 15.91 | −0.47 | −0.61 | −0.42 |
| | 11 | 13.72 | −1.28 | −1.07 | −0.95 |
| 2013 | 8 | 14.10 | −0.02 | −0.16 | −0.02 |
| | 9 | 12.74 | −0.64 | −0.78 | −0.58 |
| | 10 | 11.73 | −1.37 | −1.12 | −1.00 |
| | 11 | 8.70 | −0.61 | −0.50 | −0.81 |
| 2014 | 8 | 16.68 | −0.01 | −0.09 | −0.01 |
| | 9 | 16.99 | −0.46 | −0.63 | −0.41 |
| | 10 | 13.60 | −1.12 | −0.90 | −0.79 |
| | 11 | 11.42 | −0.48 | −0.38 | −0.64 |
| 2015 | 8 | 14.14 | −0.02 | −0.17 | −0.02 |
| | 9 | 13.97 | −0.58 | −0.72 | −0.51 |
| | 10 | 13.41 | −1.24 | −1.02 | −0.91 |
| | 11 | 12.40 | −0.54 | −0.47 | −0.66 |

续表

| 年份 | 月份 | 平均水位/m | | | |
|---|---|---|---|---|---|
| | | 实测还原 | 方案1-实测还原 | 方案2-实测还原 | 方案3-实测还原 |
| 2016 | 8 | 17.53 | −0.02 | −0.14 | −0.02 |
| | 9 | 12.48 | −0.95 | −1.05 | −0.80 |
| | 10 | 11.57 | −1.22 | −1.01 | −0.89 |
| | 11 | 11.46 | −0.46 | −0.37 | −0.64 |
| 2017 | 8 | 15.50 | −0.03 | −0.16 | −0.03 |
| | 9 | 14.37 | −0.61 | −0.74 | −0.55 |
| | 10 | 15.99 | −1.18 | −1.04 | −0.98 |
| | 11 | 11.17 | −0.34 | −0.21 | −0.45 |
| 2018 | 8 | 15.44 | −0.01 | −0.11 | −0.01 |
| | 9 | 12.38 | −0.74 | −0.90 | −0.64 |
| | 10 | 12.68 | −1.17 | −0.95 | −0.85 |
| | 11 | 10.80 | −0.61 | −0.53 | −0.78 |
| 2019 | 8 | 16.10 | −0.02 | −0.14 | −0.02 |
| | 9 | 11.63 | −0.75 | −0.88 | −0.66 |
| | 10 | 10.90 | −1.26 | −1.06 | −0.94 |
| | 11 | 9.19 | −0.52 | −0.44 | −0.72 |
| 多年平均 | 8 | 16.01 | −0.02 | −0.15 | −0.02 |
| | 9 | 14.24 | −0.67 | −0.78 | −0.60 |
| | 10 | 12.87 | −1.21 | −1.00 | −0.88 |
| | 11 | 10.92 | −0.53 | −0.43 | −0.78 |

从表4.2-2和表4.2-3中可以看出，相对于2008—2019年三峡水库实测还原（即方案0——三峡水库及蓄水）情况：

方案1，8月下旬虽有蓄水，但蓄水量较小（三峡水库水位从146.5m到150m），加上长江干流处于汛期，故8月蓄水对城陵矶站和湖口站水位影响小，多年平均分别降低0.05m和0.02m；9月三峡水库从 150m 蓄至 165m（蓄水量约 103 亿 $m^3$），10 月三峡水库从 165m 蓄至 175m（蓄水量约 93 亿 $m^3$），致湖口站 10 月平均水位下降值在 3 种方案中最大。

方案 2，8 月 10—31 日，水库水位从 146.5m 上涨至 155m，湖口站 8 月平均水位下降值在 3 种方案中最大；9 月三峡水库从 155m 蓄至 167m（蓄水量约 89 亿 $m^3$），蓄水量虽小于方案 1，但由于 8 月底江湖底水位低于方案 1，城陵矶站和湖口站 9 月平均水位下降幅度大于方案 1；10 月三峡水库从 167m 蓄至 175m（蓄水量约 76 亿 $m^3$），城陵矶站和湖口站 10 月平均水位下降值在 3 种方案中居中间；8—11 月的影响相对较为平缓。

方案 3，8 月三峡水库的调度同方案 1，城陵矶站和湖口站的水位影响也相当；三峡水库 9 月从 150m 蓄至 163m（蓄水量约 87 亿 $m^3$）、10 月从 163m 蓄至 170m（蓄水量约 60 亿 $m^3$），在 3 种方案中蓄水量均为最小，城陵矶站和湖口站平均水位下降幅度也最小；11 月三峡水库从 170m 蓄至 175m（蓄水量约 49 亿 $m^3$），城陵矶站和湖口站 11 月平均水位继续下降，在 3 种方案中最大，影响的持续时间将到 12 月下旬；8—10 月，对城陵矶站和湖口站的影响最小，但 11 月中旬以后对城陵矶站和湖口站的水位影响更大。

从图 4.2-1 和图 4.2-2 可知，各方案不同时段的降低幅度有所差别：8 月 20 日开始蓄水、10 月底蓄满的方案 1，8 月下旬后期就会对城陵矶站和湖口站水位产生影响，9 月中旬至 10 月底城陵矶站和湖口站水位降低速率较快；8 月 10 日开始蓄水、10 月底蓄满的方案 2，8 月中旬后期就会对城陵矶站和湖口站水位产生影响，9 月中旬前对城陵矶站和湖口站水位影响在 3 种方案中最大，9 月中旬至 10 月底湖口站水位降低速率在 3 种方案中最小；8 月 20 日开始蓄水、11 月底蓄满的方案 3，在 10 月底之前对城陵矶站和湖口站的水位影响最小，11—12 月对湖口站水位影响显著。

三峡水库汛后蓄水量较大，在拦蓄期间总会减小水库下泄流量，

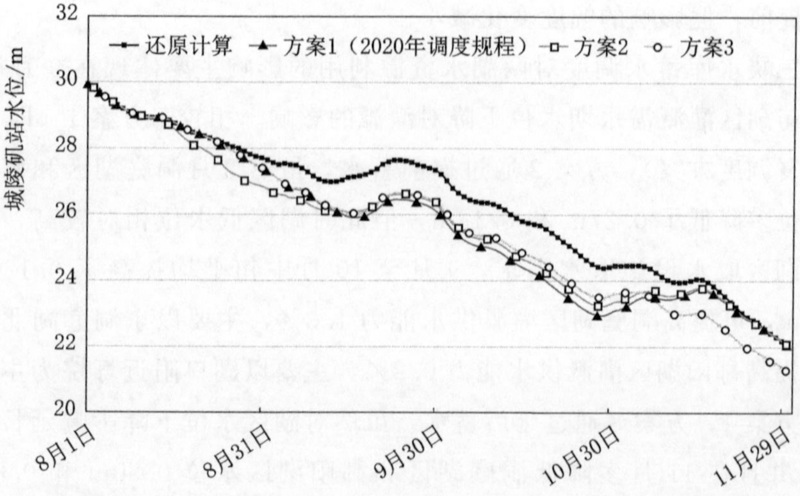


图 4.2-1 三峡水库不同蓄水方案下城陵矶站 2008—2019 年多年平均水位过程比较图

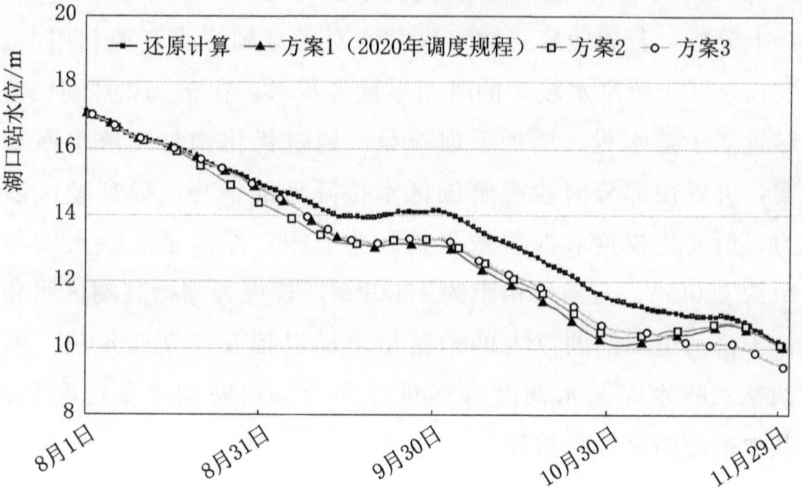


图 4.2-2 三峡水库不同蓄水方案下湖口站 2008—2019 年多年平均水位过程比较图

从而对下游干流河道水位产生影响，各蓄水调度方案 9—11 月城陵矶站和湖口站水位均发生较为明显的降低。蓄水时间越靠后，前期的影响越小，后期的影响越大；蓄水时间越提前，对下游水位产生影响的时间越提前，但影响的幅度变化减小。

三峡水库蓄水调度对两湖水资源利用的影响主要体现在9月至10月中旬湖区灌溉需水期水位下降对灌溉的影响。相较于方案1（即2020年批复调度方案），方案2通过提前蓄水，虽然8月洞庭湖区和鄱阳湖区水位多降低了0.27m和0.13m，但此时湖区低水位相对较高，能够满足湖区取水设施取水需求，9月至10月中旬平均提高了0.12m和0.11m，可提高洞庭湖区灌溉供水能力1.3%，主要以东洞庭湖北区为主，提高鄱阳湖区灌溉供水能力0.2%，主要以湖口附近圩垸为主。相较于方案1，方案3通过延后蓄水，虽然对湖区水位下降影响延长到了12月并且在11月多降低洞庭湖区和鄱阳湖区水位0.50m和0.25m，但此时湖区灌溉用水需求较小，对灌溉影响不大，9月至10月中旬平均提高了0.27m和0.20m，可提高洞庭湖区和鄱阳湖区枯期灌溉供水量0.07亿$m^3$和0.02亿$m^3$，提高供水能力约1.3%和0.2%。

综上分析，若想缓解三峡水库蓄水对两湖湖区水资源利用的影响，则需要在长江干流来水较大的时期尽量多蓄水，在9—10月湖区灌溉需水期尽量减小蓄水量，增加下泄流量。通过优化调整三峡水库蓄水调度方案，可以在部分时段缓解湖区水位降低的情势、提高湖区灌溉供水能力，但变化幅度和改善效果仍较为有限，原因是三峡水库与城陵矶相距约450km、与湖口相距约1000km，若想大幅抬高湖区水位，需将长江干流河道和两湖巨大的槽蓄量填满以抬升河湖底水位，所以仅依靠调整三峡水库蓄水调度方案难以完全解决两湖水资源利用问题，需与其他措施结合综合治理。

### 4.2.3 蓄水调度优化方案的影响分析

三峡工程是长江流域综合效益最大的水利枢纽，是长江中下游防洪骨干工程，同时还有巨大的发电、航运、水资源利用等综合效益，其中防洪是三峡工程的首要任务。

三峡水库蓄水的汛限水位浮动时间，经优化研究，在保障防洪安全的前提下，从初步设计阶段的10月1日前，逐步提前至9月10日，再到2020年批复方案的8月20日，但8月底控制水位在150.0m，主要考虑长江干流的防洪要求。

宜昌站自1877年有实测资料记录的130多年以来，宜昌实测年最大洪峰流量为71100m³/s（1896年9月4日），年最大洪水第3位洪峰流量为67500m³/s（1945年9月5日），均发生在9月上旬，故9月上旬宜昌洪水仍属于主汛期。根据《三峡水库优化调度方案》研究成果，对于全年汛期洪水，在保证荆江防洪安全的条件下，从库水位155m（对城陵矶补偿调度的最高控制水位，方案1中9月10日的控制水位）起调，遇1000年一遇洪水的水库最高蓄洪水位将达到175m，其中1982年型在遭遇100年一遇和1000年一遇洪水时，均将略微超过171m与175m。因此，三峡水库起蓄水位若进一步提高将面临较大的防洪风险。

## 4.3 湖区支流控制性水库优化调度方案研究

### 4.3.1 洞庭湖四水控制性水库优化调度方案研究

#### 4.3.1.1 水库基本情况

通过调研分析，本书研究在洞庭湖四水流域选取具有调节水资源能力的大型水库分别为澧水支流溇水江垭水库，澧水支流渫水皂市水库，沅江五强溪水库，资水柘溪水库和湘江支流耒水东江水库（见表4.3-1）。

表4.3-1　洞庭湖水系主要控制性水库工程特性参数

| 水　库 | 河　流 | 总库容/亿m³ | 兴利库容/亿m³ | 调节性能 | 主要任务 |
|---|---|---|---|---|---|
| 江垭水库 | 澧水—溇水 | 17.41 | 11.64 | | 防洪、发电、灌溉、航运、供水 |
| 皂市水库 | 澧水—渫水 | 14.40 | 9.30 | | 防洪、发电、灌溉、航运 |

续表

| 水　库 | 河　流 | 总库容/亿 $m^3$ | 兴利库容/亿 $m^3$ | 调节性能 | 主要任务 |
|---|---|---|---|---|---|
| 五强溪水库 | 沅江 | 43.50 | 20.20 | | 防洪、发电、航运 |
| 柘溪水库 | 资水 | 65.65 | 21.78 | 季调节 | 发电、防洪、航运 |
| 东江水库 | 湘江—耒水 | 91.50 | 52.5 | 多年调节 | 发电、防洪、航运、供水 |

江垭水库位于湖南省张家界市慈利县境内的澧水一级支流溇水中游，坝址下距江垭镇 5.0km，距离慈利县城 57km。坝址以上控制流域面积 3711$km^2$，占溇水流域总面积的 73.5%。工程以防洪为主，兼有发电、灌溉、航运、供水等综合效益。江垭水库正常蓄水位 236m，总库容 17.41 亿 $m^3$，防洪库容 7.4 亿 $m^3$。江垭水库于 1998 年 10 月 18 日下闸蓄水，1999 年底全部建设任务基本完成。汛期经过水库调蓄，可使澧水下游及尾闾地区防洪标准由 4～7 年一遇提高到 17 年一遇，使用超蓄库容，使江垭与三江口发生 100 年同频率洪水时，下游洪峰流量可削减到约 30 年一遇。

皂市水库位于澧水流域的支流渫水下游河段，距三江口约 18km（洪水传播时间 2h），坝址控制流域面积 3000$km^2$，占渫水总流域面积的 93.7%。枢纽任务以防洪为主，兼顾发电、灌溉、航运等综合利用。水库正常蓄水位 140m，总库容 14.4 亿 $m^3$，防洪库容 7.83 亿 $m^3$。皂市水库与江垭水库、宜冲桥水库（拟建）联合调度，以配合澧水流域整体防洪，使石门以下松澧地区防洪标准近期提高到 20 年一遇，远景达到 50 年一遇，石门以上地区防洪标准达到 50 年一遇。灌区灌溉面积 5.4 万亩，灌流设计引用流量 4.15$m^3/s$。

五强溪水库位于沅水下游沅陵县境内，上距沅陵县城 73km，下距常德市 130km，下游 47.5km 建有凌津滩水电站。水库控制集雨面积 83800$km^2$，占沅水流域总面积的 93%。总库容为 42 亿 $m^3$，正常水位 108m 以下预留防洪库容 13.6 亿 $m^3$，库容系数 0.031，为季调节水库。该工程的兴建使沅江下游圩垸的防洪标准由 5 年一遇提高到 20 年一遇，同时使下游枯水季节流量增加到 390$m^3$/s。工程于 1989 年 9 月正式动工，1994 年底第一台机组发电。

柘溪水库位于湖南省益阳市安化县资水干流中游，距县城 15km。柘溪水库修建于 20 世纪 50 年代，控制流域面积 22640$km^2$，占全流域面积的 80%，总库容 35.7 亿 $m^3$，库容系数 0.12，防洪库容 7 亿 $m^3$，为季调节水库。1958 年 7 月开工，1962 年 1 月第一台机组发电，1975 年 7 月全部投产。工程以发电为主，兼有防洪、航运等效益。

东江水库位于湘水一级支流耒水上游，资兴市东江镇上游 11km 的峡谷处。控制流域面积 4719$km^2$，占耒水流域面积 39.6%。东江水库是一个以发电为主，兼有防洪、航运、城镇工业及生活用水等综合利用的大型水电工程。总库容 91.5 亿 $m^3$，当正常高水位 285m 时，相应库容 81.2 亿 $m^3$（其中有效库容 56.7 亿 $m^3$）。东江水库库容系数 1.25，为多年调节水库。东江水库工程于 1992 年枢纽工程全面竣工。

#### 4.3.1.2 水库调度方案

江垭、皂市、五强溪、柘溪、东江 5 座水库均为具有防洪、灌溉、发电、航运等综合利用效益，水库调度包括防洪调度与兴利调度。

防洪调度：汛期水位维持在不超过汛期限制水位。根据湖南省防汛抗旱指挥部下达的大型水库汛期运用方案，东江水库的汛期限制水位运行时间至 8 月 31 日结束，其他 4 座水库至 7 月 31 日结束。

兴利调度：各座水库均兼有一定的发电、灌溉（供水）、航运等兴利要求。各水库兴利调度总体原则是：在满足防洪与城镇生产生活用水、灌溉用水（在设计保证率范围内）以及最小航运需水与河道最小生态需水要求等前提下，为充分利用水资源，水库需尽早蓄水，以满足兴利要求。在发电调度运行中，电站一般按编制的调度图进行调度。调度图编制原则为年发电量最大、保证出力及保证率最高、年内降低出力历时最小等。四水各水库调度图见图 4.3－1。

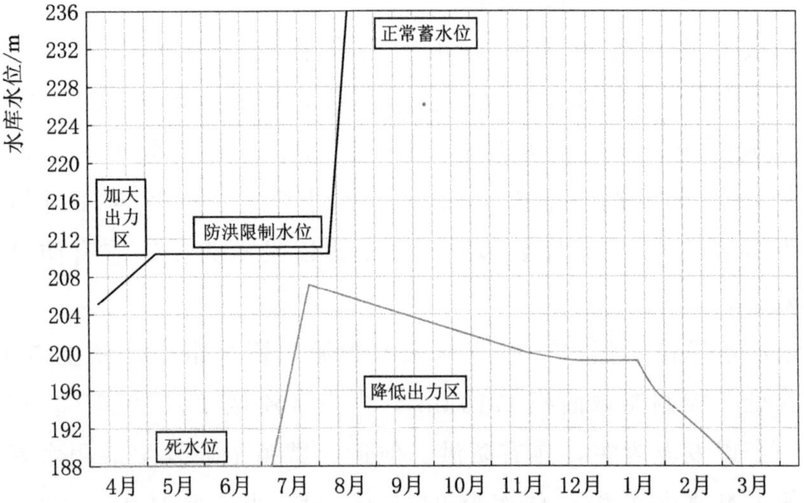


(a) 江垭水库调度图

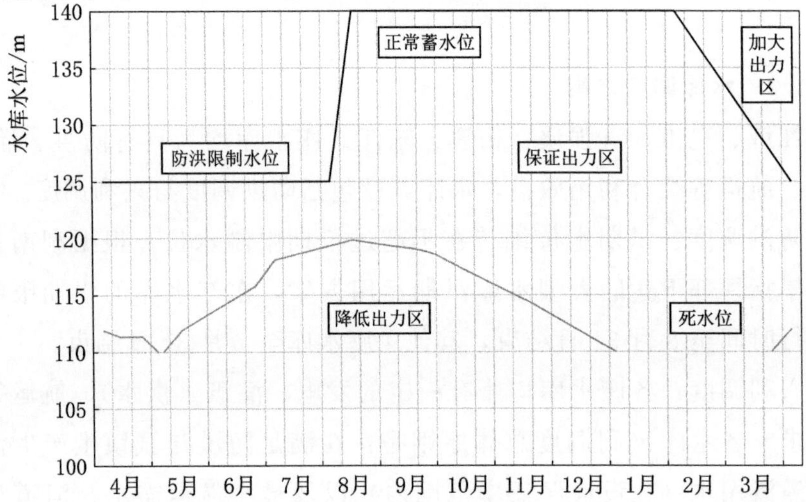


(b) 皂市水库调度图

图 4.3-1（一） 四水各水库调度图

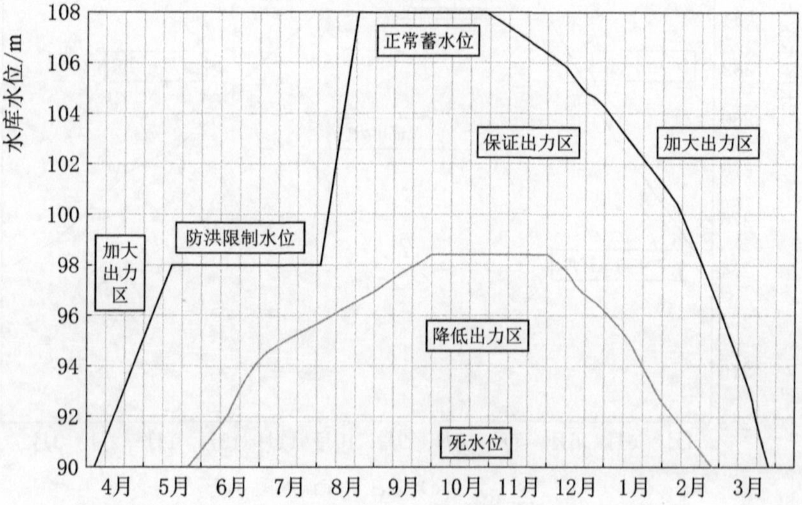


(c) 五强溪水库调度图

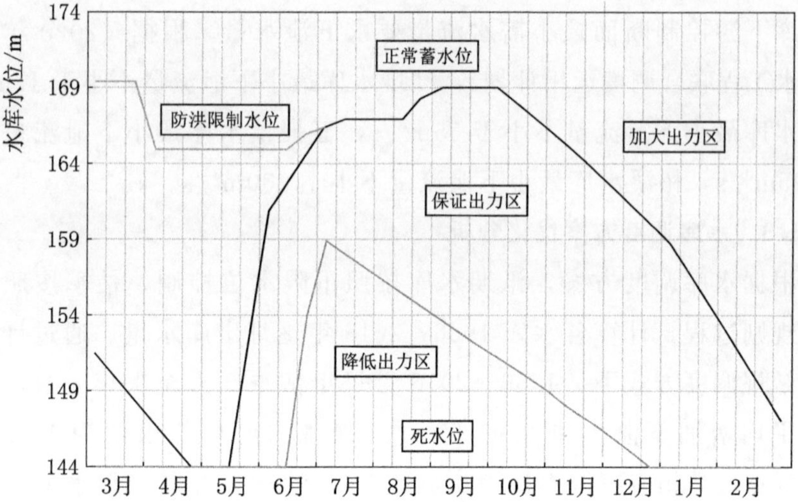


(d) 柘溪水库调度图

图 4.3-1（二） 四水各水库调度图

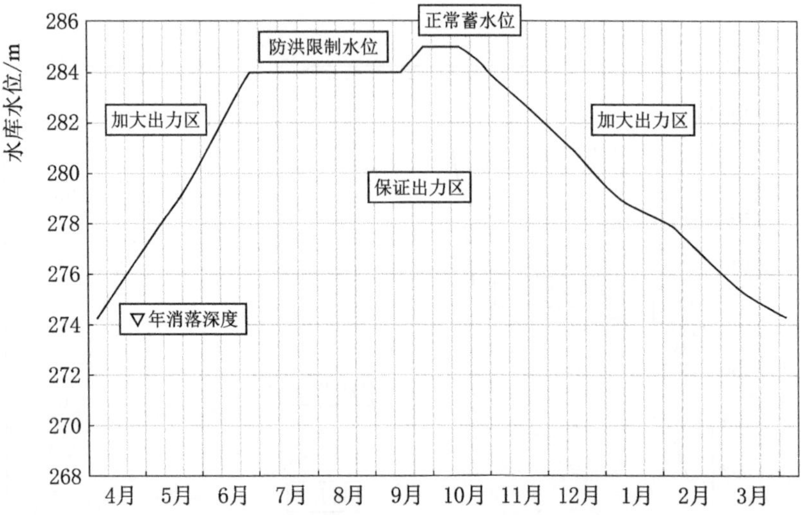


(e) 东江水库调度图

图 4.3-1(三) 四水各水库调度图

枯季水库调度在根据水库调度图进行调度的基础上，尽量按照满足水库下游控制断面最小需水流量要求下泄水量。根据《2020 年长江流域水工程联合调度运用计划》，江垭水库最小下泄流量不小于 17$m^3/s$，皂市水库最小下泄流量不小于 35$m^3/s$，五强溪水库最小下泄流量不小于 395$m^3/s$，柘溪水库最小下泄流量不小于 130$m^3/s$。

#### 4.3.1.3 水库调度方案优化分析

根据水库调度方案，汛期水库按照汛限水位控制，枯季按照发电调度规则过程，计算各水库 1956—2016 年逐月出库水量。通过计算分析，常规调度方式下，1956—2016 年每年枯季 9 月至次年 4 月，江垭水库平均增加下泄水量 3.93 亿 $m^3$，江垭水库最低水位为 188.00～213.70m，其相应可调水量为 0.00～5.03 亿 $m^3$，平均可调水量为 3.15 亿 $m^3$；皂市水库平均增加下泄水量 1.67 亿 $m^3$，水库最低水位为 112.00～134.10m，其相应可调水量为 0.00～6.78 亿 $m^3$，平均可调水量为 3.24 亿 $m^3$；五强溪水库平均增加下泄水量 12.66 亿 $m^3$，各年枯季最低水位对应的可调水量为 3.62 亿～15.49 亿 $m^3$，平均可调水量为

6.37 亿 $m^3$；柘溪水库平均增加下泄水量 12.45 亿 $m^3$，水库月均最低水位为 144.30～165.10m，可调水量为 0.15 亿～16.68 亿 $m^3$，平均可调水量为 5.17 亿 $m^3$；东江水库平均增加下泄水量 14.22 亿 $m^3$，东江水库月均最低水位为 264.40～278.80m，其相应可调水量为 23.48 亿～41.19 亿 $m^3$，平均可调水量为 33.04 亿 $m^3$。

根据各控制性水库年径流调节计算成果可知，江垭、皂市、五强溪、柘溪等 4 座水库常规调度计算后，年均可调水量为 1.67 亿～6.37 亿 $m^3$，在满足各种兴利用水要求的情况下，进一步增大 9—10 月下泄流量能力不大；东江水库兴利库容达 52.5 亿 $m^3$，常规调度计算后，年均可调水量达 33.04 亿 $m^3$，考虑已列入《湖南省水安全战略（2020—2035）》的湘江沿线水资源配置工程，规划从东江水库引水 9.12 亿 $m^3/a$ 为湘江沿线城乡居民提供优质饮用水，东江水库年均可调水量为 23.92 亿 $m^3$，具有一定的蓄水量可用于枯季补水调度。

#### 4.3.1.4 东江水库优化调度对湖区水资源利用改善作用分析

根据东江水库可能提供的水量调整水库调度方式：在现状调度方式下水库供水期末蓄水量计算成果基础上，分别按 9—10 月、9 月至次年 4 月两个供水期均匀分配的原则，增大供水期的下泄水量，以改善洞庭湖枯水期水位，在供水期末水库水位降至死水位。

**1. 增补湖区水量的作用**

枯水典型年东江水库对下游河道及洞庭湖区补水流量计算结果见表 4.3-2。

**表 4.3-2 枯水典型年东江水库对下游河道及洞庭湖区补水流量计算结果**

| 年份 | 可利用容积/万 $m^3$ | 9—10 月补水流量/($m^3$/s) | 9 月至次年 4 月补水流量/($m^3$/s) |
|---|---|---|---|
| 1966 | 174500 | 331.1 | 84.2 |
| 1972 | 191300 | 363.0 | 92.3 |
| 1986 | 176100 | 334.1 | 84.9 |

**2. 改善洞庭湖枯水位的作用**

选取典型年运用水动力模型计算东江水库9—10月增补流量的水位抬高作用，成果见表4.3-3。

**表4.3-3 东江水库9—10月增补水量对湖区水位影响值表**

| 站名 | 9—10月湖区水位影响差值/m | | |
|---|---|---|---|
| | 1966年 | 1972年 | 1986年 |
| 城陵矶 | 0.11 | 0.13 | 0.08 |
| 鹿角 | 0.17 | 0.15 | 0.12 |
| 杨柳潭 | 0.37 | 0.29 | 0.31 |

经分析，东江水库9—10月增补下泄水量后，东南洞庭湖水位抬升值在0.11～0.37m，对西洞庭湖及资、沅、澧等支流尾闾河道的水位抬升不明显，可提高湖区灌溉供水能力1.6%。

#### 4.3.1.5 东江水库优化调度的影响

东江水库为具有多年调节性能的综合利用水库，年末将水库消落至死水位，若来年流域来水量不理想，则水库蓄水困难，对水库发电量、灌溉、供水等效益均会带来不利影响。

综上，通过优化调整洞庭湖四水控制性水库群的调度运用方式可一定程度上缓解洞庭湖枯水情势、提高湖区灌溉供水能力，但变化幅度和改善效果仍较为有限。主要原因是洞庭湖水系水资源开发利用率不足20%，水库可优化空间有限。从改善湖区水资源利用条件的角度来看，应进一步谋划控制性水库建设和现有水库扩容建设，提高流域蓄水能力，将更多的水资源存蓄在流域中，便于统一规划和调配，有利于改善湖区水资源利用安全问题。但是，由于淹没范围广、移民安置难度大及对生态环境的敏感性与安全性的影响等因素，目前新建和扩建水库难度较大，有待进一步深入论证研究。因此仅通过调整优化洞庭湖四水控制性水库群调度运用方式难以完全解决两湖水资源利用问题，需与其他措施结合综合治理。

### 4.3.2 鄱阳湖五河控制性水库优化调度方案研究

#### 4.3.2.1 水库基本情况

据统计，至2019年，鄱阳湖流域已建成各类蓄水工程24.2万座，总库容769.4亿$m^3$，其中已建大型水库共30座（其中五河流域26座、湖区4座），总库容195.3亿$m^3$，兴利库容84亿$m^3$。

根据流域内控制性水库工程建设与规划情况，以及水库控制与调节性能特性，选择赣江的万安水库、峡江水库，抚河的廖坊水库，饶河的浯溪口水库，以及修水的柘林水库等共5座水库为鄱阳湖流域内的控制性水库。此外，赣江支流袁河上的江口水库与抚河支流黎滩河上的洪门水库均为发电水库，两水库控制面积相对较大，调节性能较好，且距下游（鄱阳湖区）较近，水库径流调节对下游具有一定的效果。鄱阳湖水系控制性水库基本情况见表4.3-4。

表4.3-4 鄱阳湖水系控制性水库基本情况

| 水系 | 水库 | 所在河流 | 建成时间 | 调节性能 | 总库容/万$m^3$ | 兴利库容/万$m^3$ | 功能 |
|---|---|---|---|---|---|---|---|
| 赣江 | 万安水库 | 赣江中游 | 1995年12月 | 季调节 | 221400 | 101900 | 发电、防洪、航运 |
| | 峡江水库 | 赣江中游 | 2015年3月 | 季调节 | 166500 | 21400 | 发电、防洪、航运 |
| | 江口水库 | 袁水 | 1964年3月 | 不完全年调节 | 89000 | 34000 | 发电 |
| 抚河 | 洪门水库 | 黎滩河 | 1969年7月 | 不完全年调节 | 121400 | 37380 | 发电 |
| | 廖坊水库 | 抚河 | 2006年9月 | 季调节 | 43200 | 11400 | 防洪、灌溉、发电、航运 |
| 饶河 | 浯溪口水库 | 昌江 | 2019年 | 日调节 | 48700 | 24820 | 防洪、供水、发电 |
| 修水 | 柘林水库 | 修河 | 1972年8月 | 多年调节 | 792000 | 344700 | 防洪、灌溉 |

#### 4.3.2.2 水库调度方案

所选7座流域控制性水库工程均为控制流域面积较大且具一定调节性能的大型水库，其中万安、峡江、廖坊、浯溪口、柘林共5座水库均为具有防洪、灌溉、发电、航运等综合利用效益，水库调度包括防洪调度与兴利调度。江口、洪门水库为以发电为主的水库，水库主要按发电要求调度。

**1. 防洪调度**

5座承担下游防洪任务的水库，汛期水位维持在不超过汛期限制水位。根据防汛要求，万安水库的汛期限制水位运行时间至6月20日结束，其他4座水库至6月30日结束。

**2. 兴利调度**

各座水库均兼有一定的发电、灌溉（供水）、航运等兴利要求。各水库兴利调度总体原则是：在满足防洪与城镇生产生活用水、灌溉用水（在设计保证率范围内）及最小航运需水与河道最小生态需水要求等前提下，为充分利用水资源，水库需尽早蓄水，以满足兴利要求。根据流域来水特点，鄱阳湖流域水库蓄水期均为汛期，蓄水时间一般为3—8月，汛期蓄水至供水期用。水库经过上一年的兴利运用后，库水位在供水期末（即汛初）一般消落至死水位（多年调节水库除外），为满足兴利要求，水库需尽快回蓄至兴利水位（但不超过汛限水位）。对于控制面积较大、库容系数较小的水库（如万安、峡江水库），汛初蓄水将很快完成并蓄至汛限水位；汛限水位运行结束后水库蓄水至正常蓄水位一般在7月、8月即可完成。对于调节性能较好的水库，水库在3月即可开始蓄水，汛期可蓄至汛限水位（或正常蓄水位）。8月以后由于流域降雨少，水库进入供水期，所蓄之水用于兴利之需。

在发电调度运行中，电站一般按编制的调度图进行调度。调度图编制原则为年发电量最大、保证出力及保证率最高、年内降低出力历时最小等。

根据各水库的设计文件与运行要求，修水柘林水库满足供水、航运等需求最小下游流量为 $80m^3/s$；抚河廖坊水库兼顾下游通航等综合用水部门的要求，水库下泄流量不小于 $60m^3/s$；赣江万安水库满足通航等要求下泄流量不小于 $130m^3/s$；峡江水库满足通航等要求最小下泄流量为 $221m^3/s$。

#### 4.3.2.3　水库调度方案优化分析

根据实测资料与鄱阳湖流域来水情况，总体而言，鄱阳湖缺水主要是由低水位引起的取水困难，属低水位性缺水。本书研究主要针对枯水年，特别是流域性的特枯年份，从水库蓄放水能力角度分析五河控制性水库为缓解鄱阳湖枯水情势调整调度运行方式的可行性。

根据各控制性水库丰、平、枯典型年径流调节计算成果，除柘林水库外，其余各水库不同保证率枯水典型年在年末基本上已消落至死水位，水库在汛末的蓄水量基本上在供水期内全部下泄，在年末无剩余水量可供调配；对于来水量较丰沛或略多于一般的年份，各水库蓄水期基本可以蓄至正常蓄水位，但在较枯年份，如 1978 年、1963 年、2003 年等，由于流域来水量偏少，部分水库在蓄水期内，在满足各种兴利用水要求情况下，可能无法蓄满至兴利库容，致使整个枯水期可供调配的水量相对较少，水库自身开发任务亦不能完全实现。

根据分析，万安、江口、峡江、洪门、廖坊、浯溪口等 6 座水库在满足自身综合利用要求的情况下，枯水期无多余水量可供调配补充给鄱阳湖，现行调度方式无调整余地；柘林水库为多年调节水库，兴利库容达到 34.44 亿 $m^3$，在 2 月末，各典型年仍有一定水量可供调配，多年平均可调水量为 12.34 亿 $m^3$，具有改变调度运行方式实现对鄱阳湖区补水的潜力。

#### 4.3.2.4　柘林水库调整调度方式对湖区水资源利用改善作用分析

根据柘林水库可能提供的水量调整水库调度方式：在现状调度方

式下水库供水期末蓄水量计算成果基础上，分别按 9—10 月、9 月至次年 2 月两个供水期均匀分配的原则，增大供水期的下泄水量，以改善鄱阳湖枯水期水位，在供水期末水库水位降至死水位。

**1. 增补湖区水量的作用**

枯水典型年柘林水库对下游河道及鄱阳湖区补水流量计算结果见表 4.3-5。

**表 4.3-5 枯水典型年柘林水库对下游河道及鄱阳湖区补水流量计算结果**

| 年份 | 可利用容积/万 $m^3$ | 9—10 月补水流量/($m^3$/s) | 9 月至次年 2 月补水流量/($m^3$/s) | 备注 |
|---|---|---|---|---|
| 1965 | 24403 | 27.5 | 11.0 | $P$=80%水平年 |
| 2003 | 79122 | 150.5 | 50.2 | $P$=85%水平年 |
| 1963 | 4348 | 8.3 | 2.8 | $P$=95%水平年 |
| 1978 | 17757 | 33.8 | 11.3 | $P$=98%水平年 |

由表 4.3-5 可知，柘林水库在 2003 年补水作用最大，按 9—10 月两个月计，可增大流量 150.5$m^3$/s；若按 9 月至次年 2 月共 6 个月计，可增大流量为 50.2$m^3$/s。其他年份的补水作用较小，尤其是属全流域性干旱年份的 1963 年和 1978 年，补水作用极为有限。柘林水库增补流量占总入湖流量比例见表 4.3-6。

**表 4.3-6 柘林水库增补流量占总入湖流量比例**

| 年份 | 9—10 月平均流量 | | | 9 月至次年 2 月平均流量 | | |
|---|---|---|---|---|---|---|
| | 总入湖流量/($m^3$/s) | 柘林水库增补流量/($m^3$/s) | 占比/% | 总入湖流量/($m^3$/s) | 柘林水库增补流量/($m^3$/s) | 占比/% |
| 1965 | 1420 | 27.5 | 1.9 | 2135 | 11.0 | 0.5 |
| 2003 | 1037 | 150.5 | 14.5 | 796 | 50.2 | 6.3 |
| 1963 | 589 | 8.3 | 1.4 | 1321 | 2.8 | 0.2 |
| 1978 | 704 | 33.8 | 4.8 | 725 | 11.3 | 1.6 |

**2. 改善鄱阳湖枯水位的作用**

按照水位流量关系法和水面线法推算柘林水库 9—10 月增补流量的水位抬高作用，柘林水库 9—10 月增补水量对湖区水位影响值见表 4.3-7。

**表 4.3-7 柘林水库 9—10 月增补水量对湖区水位影响值** 单位：m

| 断面号 | 地名 | 间距 | 累计距 | 9—10 月湖区水位影响差值 | | | |
|---|---|---|---|---|---|---|---|
| | | | | 1965 年 | 2003 年 | 1963 年 | 1978 年 |
| CS01 | 湖口 | 0 | 0 | 0.010 | 0.050 | 0.005 | 0.030 |
| CS07 | 屏峰 | 22647 | 22647 | 0.011 | 0.051 | 0.005 | 0.031 |
| CS13 | 星子 | 12871 | 35518 | 0.011 | 0.051 | 0.005 | 0.032 |
| CS15 | 老爷庙 | 7273 | 42791 | 0.010 | 0.052 | 0.005 | 0.032 |

经分析，柘林水库 9—10 月增补下泄水量后，修水尾闾河道的水位抬升值在 0.05～0.7m，吴城以下的湖区（主要为北鄱阳湖的入江水道）水位抬升值在 0.02～0.05m，对南鄱阳湖湖盆区及赣、抚、信、饶等 4 条支流尾闾河道水位抬升不明显，可提高湖区灌溉供水能力 0.3%。

**4.3.2.5 柘林水库优化调度的影响**

汛期过后，柘林水库主要的任务是发电、灌溉与供水，灌溉与供水水量所占水库水量比例较小，用水需求均能得到满足。水库改变调度方式对效益产生的影响主要在发电上。柘林电站机组最大下泄流量为 1300$m^3/s$，机组过流能力大，改变调度方式增加的补水下泄水量均可通过发电机组下泄，该部分水量也可产生发电效益，对发电效益产生的主要影响为降低了发电水头。柘林电站最大、最小发电水头在 45～30m 之间，水库水位消落深度为 15m，减少发电水头相应的水量不仅为增泄的补水水量，而且还包括后期水库未蓄至发电高水位期间的发电水量。总体而言，调整调度方式后，下泄水量加大增加的电量，与水头降低减少的电量基本相当，改变调度方式对水库当年的发电效益影响有限。

柘林水库为具有多年调节性能的综合利用水库，年末将水库消落至死水位，若来年流域来水量不理想，则水库蓄水困难，对水库发电量、灌溉、供水等效益均会带来不利影响。

综上，通过优化调整鄱阳湖五河控制性水库群的调度运用方式可一定程度上缓解鄱阳湖枯水情势、提高湖区灌溉供水能力，但变化幅度和改善效果仍较为有限。主要原因是鄱阳湖流域水资源开发利用率不足20%，水库可优化空间有限。从改善湖区水资源利用条件的角度来看，应进一步谋划控制性水库建设和现有水库扩容建设，提高流域蓄水能力，将更多的水资源存蓄在流域中，便于统一规划和调配，有利于改善湖区水资源利用安全问题。但是，由于淹没范围广、移民安置难度大及对生态环境的敏感性与安全性的影响等因素，目前新建和扩建水库难度较大，有待进一步深入论证研究。因此仅通过调整优化鄱阳湖五河控制性水库群调度运用方式难以完全解决两湖水资源利用问题，需与其他措施结合综合治理。

## 4.4 基于湖控工程的两湖水资源调控模式研究

### 4.4.1 两湖调控措施调控目标

为应对江湖关系变化等因素导致的两湖湖区枯水时间提前、枯水期延长、枯期水位下降等趋势性变化，遵循调枯不控洪、江湖两利、综合利用、生态保护原则，学术界和相关部门提出了在洞庭湖和鄱阳湖出口处建设湖控工程的设想并开展了大量前期研究工作，以恢复和科学调整湖区水文节律，提高两湖枯水期水资源和水环境承载能力，改善供水、灌溉、生态环境、渔业、航运等条件，保护水资源。

基于前文江湖关系变化对两湖水资源作用机制研究，针对两湖灌溉、城乡供水、航运等水资源利用问题，两湖调控措施调控的目标为调整到与湖区灌溉与城乡供水取水措施相适应的湖区水文节律，即三峡水库建成前的湖区水文节律，满足灌溉与城乡供水需求。

基于湖区水资源利用的两湖调控措施的具体调控需求为：①9—10月中旬，湖区水位满足灌溉安全水位；②12月至次年2月，湖区水位满足城乡供水安全水位。

### 4.4.2 洞庭湖城陵矶综合枢纽水资源利用调控方案

#### 4.4.2.1 枢纽调控分期

综合以往研究成果，枢纽总调控期为9月至次年3月，其中9月1—10日为汛末蓄水期，9月中旬至次年3月为水位节律恢复期，按照城陵矶站水位对枢纽闸上水位进行调控。

#### 4.4.2.2 枢纽调控方式

（1）4月1日至8月31日，泄水闸门全部敞开，江湖连通。

（2）9月1日至10月20日，当闸上水位高于灌溉安全水位24.50m时，泄水闸门全部敞开；当闸上水位降到24.50m时，减少闸门开启孔数，按来水下泄，水位维持24.50m；若闸上水位低于24.50m，最高蓄水至24.50m。

（3）10月21日至次年3月31日，闸上水位不低于航运安全水位19.79m，可按三峡水库蓄水运用前多年平均水位进行调控。

#### 4.4.2.3 枢纽调控方案对水资源利用的改善作用

（1）对湖区灌溉的作用。城陵矶综合枢纽拟定的调度方案中9—10月湖水位控制在24.50m以上，使湖水位较现状天然状况下的偏枯及以下其间的水位有较大的抬升，改善湖区提引水水源条件，解决因外水位低而造成的取水困难，提高现有取水工程的取水可靠性。

（2）对湖区供水的作用。城陵矶综合枢纽工程实施后，对以湖区（包括尾闾区河道）地表水或浅层地下水为供水水源的城镇和乡村供水将产生积极作用，在汛末调控期可提高枯水年湖区与尾闾区城镇水厂取水口外水位，提高城乡供水可靠性。

通过计算，2003—2019年现状系列工况下，枢纽调控可增加枯期供水量约7500万$m^3$，提高缺水期灌溉及城乡供水能力13.7%。

#### 4.4.2.4 对长江下游水资源的作用与影响

城陵矶综合枢纽工程实施后，在三峡水库开始蓄水后的9月、10月逐步降低湖区水位，避免因三峡水库枯水期蓄水导致长江干流与洞庭湖湖口水位差较大而出现湖区水量快速排出的情况出现，对枯水期下游补水预留一定水量，可根据下游水资源、生态等方面的需求，通过与三峡水库联合调度，为长江中下游应急补水提供条件。

城陵矶综合枢纽调节后，水文节律与三峡水库蓄水运用前下泄情况一致，对下游没有影响；在三峡水库蓄水运用后，枢纽调节引起下泄水量减少占螺山水量7.54%，对下游水资源量影响有限。

### 4.4.3 鄱阳湖水利综合枢纽水资源利用调控方案

#### 4.4.3.1 枢纽调控分期

综合以往研究成果，枢纽总调控期为9月至次年3月，其中9月1—15日为汛末蓄水期，9月中旬至次年3月为水位节律恢复期，按照星子站水位对枢纽闸上水位进行调控。

#### 4.4.3.2 枢纽调控方式

(1) 4月1日至8月31日，泄水闸门全部敞开，江湖连通。

(2) 9月1日至10月20日，当闸上水位高于灌溉安全水位15m时，泄水闸门全部敞开；当闸上水位降到15m时，减少闸门开启孔数，按五河和区间来水下泄，水位维持15m；若闸上水位低于15m，最高蓄水至15m。

(3) 10月21日至次年3月31日，闸上水位不低于城乡供水安全水位8.5m和航运安全水位7.88m，可按三峡水库蓄水运用前多年平均水位进行调控。

#### 4.4.3.3 枢纽调控方案对水资源利用的改善作用

**1. 对湖区灌溉的作用**

鄱阳湖水利枢纽拟定的调度方案中9月1日至10月20日湖水位控制在15m以上，使湖水位较现状天然状况下的枯水期水位有较大的抬升，大大改善湖区提引水水源条件，解决因外水位低而造成的取水困难，提高现有取水工程的取水可靠性。

**2. 对湖区供水的作用**

鄱阳湖水利枢纽工程实施后，对以湖区（包括尾闾区河道）地表水或浅层地下水为供水水源的城镇和乡村供水将产生积极作用，在汛末调控期可提高枯水年北部湖区与尾闾区城镇水厂取水口外水位，提高城乡供水可靠性。

据初步统计，鄱阳湖水利枢纽汛末调控水位作用范围共涉及湖区63个城镇（场）72座水厂。这些水厂的取水口均在鄱阳湖及五河尾间区河道，取水水源为河湖地表水，设计总供水规模约为273万$m^3/d$。鄱阳湖水利枢纽汛末调控水位后，将改善上述水厂汛末取水水源条件；在特枯水年的枯水期，对庐山市和都昌县各水厂的供水条件改善作用较为明显。

鄱阳湖水利枢纽工程湖区农村饮水受益区域包括南昌县、新建区、庐山市等共11个市（县、区）的102个乡（镇），供水人口约44万人。受枯水期径流及鄱阳湖水位影响明显，上述区域人口枯水期供水不能得到保证。鄱阳湖水利枢纽汛末对水位调控后，将改善上述区域地下水水井水源条件，增加水井和地表水的可供水量，从而缓解农村饮水安全困难局面。

通过计算，2003—2019年现状系列工况下，鄱阳湖水利枢纽调控可提高枯期供水量约9500万$m^3$，提高缺水期灌溉及城乡供水能力10.4%

#### 4.4.3.4 对长江下游水资源的作用与影响

枢纽工程通过调控，防止汛后9月鄱阳湖水资源随长江干流水位下降而快速入江。与现状相比，尽管9月枢纽下泄流量有所减少，但这只是恢复到2002年前未受上游控制性水库重大影响时的泄流状态，且9月长江干流来流量大，枢纽减少的下泄流量对下游影响小。与现状相比，枢纽工程通过调控，10月至次年3月对长江下游干流有补水作用。

## 4.5 基于多源互济统筹调配的两湖水资源调控模式研究

洞庭湖、鄱阳湖区圩垸主要为工程性缺水，圩垸灌溉系统改造成本较高，因此两湖水资源优化配置应考虑尽量在避免工程手段的基础上，加强湖区圩垸之间的水力联系，提高多水源互济能力，减少消落期提前湖区水位下降对灌溉供水保证率的影响。部分圩垸除湖区外无其他水源，则给出圩垸取水工程改建的底板高程建议。

两湖缺水圩垸附近有内湖、圩垸内圩堤蓄水、其他支流等多种水源，通过实地考察、GIS遥感数据、区域水系情况等资料，提出工程或非工程措施，建立垸区与多水源的水力联系，开展多个圩垸、多个水源的水资源优化调配，以主要农作物灌溉期为规划期，优化每个时段各作物的灌溉水量，使整个圩垸灌溉效益最大。调配模式可根据不同来流过程，配置两湖地区典型圩垸的水资源，保障两湖灌溉供水效益最优。

### 4.5.1 洞庭湖区圩垸多水源互济方案

基于洞庭湖灌溉安全现状及预测情况分析，三峡水库蓄水运用前洞庭湖区年水位过程基本能满足湖区圩垸灌溉水位需求，而三峡水库蓄水运用后2003—2019年灌溉水位满足程度则较运用前显著降低，年均缺水量达1.43亿$m^3$，占2003—2019年年均需水量13.39亿$m^3$的10.68%。在三峡水库蓄水运用以来江湖关系变化情景、2032年江湖关系变化情景、2052年江湖关系变化情景下，洞庭湖湖区圩垸的1960—2002年系列灌溉水位满足程度分别降至62%、54%、39%，年均缺水量分别为1.01亿$m^3$、1.22亿$m^3$、1.60亿$m^3$，占多年平均需水量的10.5%、11.9%、14.3%。

通过分析湖区圩垸多水源互济的基础条件，南湖垸、建新垸、君山垸、永济垸、钱粮湖南北垸、大通湖东垸具备多水源互济的外部水源条件。

#### 4.5.1.1 计算过程

以缺水垸区取水设施最低底板高程为约束条件，洞庭湖各湖区代表站长系列逐日水位为边界，计算缺水垸区需水过程。当洞庭湖区水位低于圩垸取水设施最低底板高程时，圩垸进入缺水状态，启动多水源调度及水量优化配置模块，根据共用水源的多块圩垸的作物组成、经济效益等，制定多块圩垸经济效益最优的配水过程。洞庭湖水资源调配以南湖垸、建新垸、君山垸、永济垸、钱粮湖南北垸、大通湖东垸为建模对象，通过分析垸区之间水力联系的可行性、圩垸附近多水源可供水量，进行多水源优化配置，提高缺水垸区灌溉保证率。

南湖垸增加南湖为互济水源，永济垸增加芭蕉湖为互济水源，钱粮湖增加东湖为互济水源，大通湖区以大通湖为互济水源，建新垸以团湖为互济水源，君山垸以濠河（有一定的蓄水能力）为互济水源。根据GIS、卫星卫片结合现场调查资料，计算各备用水源的可供水量。

#### 4.5.1.2 计算结果

通过利用多水源互济，开展水资源优化配置，在长系列计算过程中，若同年出现4月春灌、9月、10月灌溉水位不满足的情况时，需考虑互济水源的复蓄。4种情景下洞庭湖区具备水源条件的圩垸多水源互济结果见表4.5-1。

洞庭湖区圩垸多水源互济方案，可一定程度缓解湖区圩垸的灌溉

表 4.5-1　　4 种情景下洞庭湖区具备水源条件的圩垸多水源互济结果

| 圩垸 | 互济水源可供水量/万 $m^3$ | 2003—2019 年现状 | | 三峡水库蓄水运用以来江湖关系变化情景 | | 2032 年江湖关系变化情景 | | 2052 年江湖关系变化情景 | |
|---|---|---|---|---|---|---|---|---|---|
| | | 缺水量/万 $m^3$ | 补水量/万 $m^3$ | 缺水量/万 $m^3$ | 补水量/万 $m^3$ | 缺水量/万 $m^3$ | 补水量/万 $m^3$ | 缺水量/万 $m^3$ | 补水量/万 $m^3$ |
| 大通湖区 | 4134（大通湖） | 1411.69 | 1411.69 | 1036.24 | 1036.24 | 1293.05 | 1293.05 | 1806.21 | 1806.21 |
| 钱粮湖 | 1181（东湖） | 915.56 | 915.56 | 625.94 | 625.94 | 691.67 | 691.67 | 964.64 | 964.64 |
| 建新垸 | 262（团湖） | 436.13 | 262.00 | 341.17 | 321.20（复蓄） | 395.51 | 324.30（复蓄） | 487.89 | 324.30（复蓄） |
| 君山垸 | 314（濠河） | 585.34 | 314.00 | 405.96 | 398.00（复蓄） | 486.68 | 401.30（复蓄） | 641.98 | 401.3（复蓄） |
| 南湖垸 | 588（南湖） | 581.24 | 581.24 | 454.68 | 454.68 | 496.87 | 496.87 | 629.05 | 629.05（复蓄） |
| 永济垸 | 495（芭蕉湖） | 181.85 | 181.85 | 126.29 | 126.29 | 157.86 | 157.86 | 242.47 | 242.47 |
| 合计 | | 4111.81 | 3666.34 | 2990.28 | 2243.15 | 3521.64 | 2639.45 | 4772.24 | 3013.32 |

缺水问题（见表 4.5-2），2003—2019 年现状系列、三峡水库蓄水运用以来江湖关系变化情景（1960—2002 年系列模拟计算）、2032 年江湖关系变化情景（1960—2002 年系列模拟计算）、2052 年江湖关系变化情景（1960—2002 年系列模拟计算）下年均可增加补水量 3666.34 万 $m^3$、2243.15 万 $m^3$、2639.45 万 $m^3$、3013.32 万 $m^3$，分别将 4 种工况的灌溉供水能力提高 3.01%、2.60%、2.92%、3.14%，缺水月灌溉供水能力提高 7.24%、5.38%、6.66%、7.54%。在多水源互济的基础上，需要进一步采取取水口改造、取水管线接长等工程手段，进一步提高湖区灌溉供水能力。

**表 4.5-2　4 种情景下洞庭湖灌溉供水能力提升情况**

| 类　型 | 2003—2019 年现状 | 三峡水库蓄水运用以来江湖关系变化情景 | 2032 年江湖关系变化情景 | 2052 年江湖关系变化情景 |
|---|---|---|---|---|
| 多元互济补水量/万 $m^3$ | 3666.34 | 2243.15 | 2639.45 | 3013.32 |
| 灌溉年均需水量/万 $m^3$ | 134000 | 96190 | 10252 | 111900 |
| 灌溉供水能力提高率/% | 3.01 | 2.60 | 2.92 | 3.14 |
| 缺水月份灌溉需水总量/万 $m^3$ | 62880 | 51743 | 51781 | 55919 |
| 缺水月份灌溉供水能力提高率/% | 7.24 | 5.38 | 6.66 | 7.54 |

## 4.5.2　鄱阳湖区圩垸多水源互济方案

基于鄱阳湖灌溉安全现状及预测情况分析，三峡水库蓄水运用前鄱阳湖区年水位过程基本能满足湖区圩垸灌溉水位需求，而三峡水库蓄水运用后 2003—2019 年灌溉水位满足程度则较运用前显著降低，年均缺水量达 1.86 亿 $m^3$，占 2003—2019 年年均需水量 16.39 亿 $m^3$ 的 11.34%。进一步分析鄱阳湖 1960—2002 年系列在 2016 年地形、2032 年地形、2052 年地形条件下，湖区圩垸的灌溉水位满足程度分别降至 53.5%、34.4%、28.7%，年均缺水量分别为 1.49

亿 $m^3$、2.38 亿 $m^3$、3.66 亿 $m^3$，占多年平均灌溉需水量的 10%、14.1%、19.7%。

对万亩以上圩区（共 49 片，见表 3.4-5），将具有一定蓄水能力的相邻圩区划为同一区片，作为同区片多水源的大分区，鄱阳湖多水源互济分片见表 4.5-3。另外，鄱阳湖部分蓄滞洪区可以在汛末适当蓄水，9 月、10 月周边圩垸缺水时，作为多水源供给灌溉。例如康山蓄滞洪区，在保证防洪安全的前提下，在汛末湖区水位开始消落时，开闸有限制引水入蓄滞洪区，特别是与信瑞联圩、康山联圩有水力联系的蓄滞洪区内湖，在外湖水位下降导致圩垸取水困难时，利用内湖蓄水保障圩垸灌溉供水。

**表 4.5-3　　鄱阳湖多水源互济分片**

| 共用水源区 | 圩区名称 | 圩区可用水量/万 $m^3$ |
|---|---|---|
| 1 | 湖区合计 | |
| | 抚东联圩 | 352.8 |
| | 陈家湖圩 | 4000 |
| | 马咀圩 | 23200 |
| | 信西联圩 | |
| | 罗溪圩 | |
| 2 | 浆潭联圩 | |
| | 沙湖山圩 | 22.3 |
| | 共青联圩 | 39.2 |
| 3 | 信瑞联圩 | |
| | 康山联圩 | 335.2 |
| 4 | 矶山联圩 | 66.8 |

调整后，共用水源区片分为 4 片。圩区蓄水量，以实测资料，结合 GIS 提取水面面积和现场调研资料分析差值计算得出，部分圩

区存在支流入汇，计算蓄水量时应该考虑圩区的复蓄系数。圩区蓄水量的使用，与圩区引提水工程高程相关，考虑到水位变动主要发生在9—10月，因此圩区存水的使用条件为，9月外湖水位降至外湖引提水工程底板高程后，湖内存水开始供应至灌区，划分为共用水源区的相邻圩区，共用多水源，并根据不同的灌溉制度，开展圩区水资源配置。

#### 4.5.2.1 计算过程

以缺水垸区取水设施最低底板高程为约束条件，鄱阳湖各湖区代表站长系列逐日水位为边界。计算缺水垸区需水过程。当鄱阳湖区水位低于圩垸取水设施最低底板高程时，圩垸进入缺水状态，启动多水源调度及水量优化配置模块，根据共用水源的多块圩垸的作物组成、经济效益等，制定多块圩垸经济效益最优的配水过程。

#### 4.5.2.2 计算结果

通过利用多水源互济，开展水资源优化配置，在长系列计算过程中，若部分圩垸内湖存在支流入汇，需考虑互济水源的复蓄。4种情景下鄱阳湖具备条件的圩垸多水源互济结果见表4.5-4。

由于鄱阳湖区圩垸多水源互济方案，可在一定程度上缓解湖区圩垸的灌溉缺水问题，但由于圩垸分散，且圩垸间水力联系不紧密，互济方案开展水资源优化配置，对湖区灌溉能力提升并不显著（见表4.5-5）。2003—2019年现状系列、三峡水库蓄水运用以来江湖关系变化情景（1960—2002年系列模拟计算）、2032年江湖关系变化情景（1960—2002年系列模拟计算）、2052年江湖关系变化情景（1960—2002年系列模拟计算）年均可增加补水量1457万$m^3$、1660万$m^3$、2042万$m^3$、2564万$m^3$，分别将4种工况的灌溉供水能力提高1.00%、1.22%、1.40%、1.72%，缺水期灌溉供水能力提高2.12%、2.41%、3.58%、5.33%。在多水源互济的基础上，需要进一步采取取水口改造、取水管线接长等工程手段，进一步提高湖区灌溉供水能力。

表 4.5-4　　4 种情景下鄱阳湖具备条件的圩垸多水源互济结果

| 共用水源区 | 圩区名称 | 圩区可用水量/万 m³ | 2003—2019 年现状 | | 三峡水库蓄水运用以来江湖关系变化情景 | | 2032 江湖关系变化情景 | | 2052 江湖关系变化情景 | |
|---|---|---|---|---|---|---|---|---|---|---|
| | | | 缺水量/万 m³ | 补水量/万 m³ | 缺水量/万 m³ | 补水量/万 m³ | 缺水量/万 m³ | 补水量/万 m³ | 缺水量/万 m³ | 补水量/万 m³ |
| 1 | 抚东联圩 | 352.8 | 511 | 511 | 639 | 639 | 720 | 720 | 702 | 702 |
| | 陈家湖圩 | 4000 | 52 | 52 | 65 | 65 | 144 | 144 | 295 | 295 |
| | 马咀圩 | 23200 | 173 | 173 | 216 | 216 | 356 | 356 | 577 | 577 |
| | 信西联圩 | | 95 | 95 | 119 | 119 | 236 | 236 | 349 | 349 |
| | 罗溪圩 | | 28 | 28 | 35 | 35 | 76 | 76 | 132 | 132 |
| 2 | 浆潭联圩 | | 37 | 6 | 46 | 0 | 69 | 0 | 114 | 0 |
| | 沙湖山圩 | 22.3 | 22 | 22 | 27 | 26 | 43 | 26 | 71 | 26 |
| | 共青联圩 | 39.2 | 90 | 39 | 113 | 39 | 191 | 39 | 355 | 39 |
| 3 | 信瑞联圩 | | 3103 | 231 | 3879 | 145 | 5558 | 0 | 10729 | 0 |
| | 康山联圩 | 335.2 | 254 | 254 | 318 | 318 | 494 | 377 | 740 | 377 |
| 4 | 矶山联圩 | 66.8 | 46 | 46 | 58 | 58 | 110 | 67 | 205 | 67 |
| 合计 | | | 4412 | 1457 | 5515 | 1660 | 7997 | 2042 | 14268 | 2564 |

表 4.5-5 4种情景下鄱阳湖灌溉供水能力提升情况

| 项 目 | 2003—2019 年现状 | 三峡水库蓄水运用以来江湖关系变化情景 | 2032 年江湖关系变化情景 | 2052 年江湖关系变化情景 |
|---|---|---|---|---|
| 多元互济补水量/万 $m^3$ | 1457 | 1660 | 2041 | 2564 |
| 灌溉年均需水量/万 $m^3$ | 163900 | 150722 | 169140 | 185715 |
| 灌溉供水能力调高率/% | 1.00 | 1.22 | 1.40 | 1.72 |
| 缺水月份灌溉需水量/万 $m^3$ | 87365 | 83807 | 80856 | 84795 |
| 缺水月份灌溉需水总量/万 $m^3$ | 18611 | 14889 | 23787 | 36645 |
| 缺水月份灌溉供水能力提高率/% | 2.12 | 2.41 | 3.58 | 5.33 |

## 4.6 基于湖区取水设施改造的水资源调控模式研究

### 4.6.1 湖区提引水设施更新改造原则

洞庭湖区、鄱阳湖区灌溉供水取水设施大多建设于 2003 年之前，即基于三峡工程建成之前的水文节律和水文系列，按照规范要求的灌溉供水保证率进行工程设计和建设，因此湖区灌溉供水的取水设施底部高程在三峡水库蓄水运用前基本可以满足取水要求。但在三峡水库蓄水运用后，由于江湖关系变化，两湖湖区水位过程发生调整，枯水期水位降低，取水设施底部高程无法满足取水要求，导致灌溉及城乡供水满足程度降低，且在三峡水库蓄水运用 30～50 年后，满足程度将进一步降低。前文阐述的水库调度、两湖调控、多水源互济等手段，均对湖区灌溉供水能力有一定程度的提高。

在现场调研查勘过程中发现，为应对近年来连续干旱、枯水等灾害，为保证湖区圩垸灌溉供水，部分圩垸和水厂已经开展改造取水设施、延长取水管线、设置多级泵站等手段，提高供水保证率。因此，为进一步提高两湖湖区的灌溉供水满足程度，采用湖区提引水闸泵拆除重建、延长取水管线等工程手段，降低取水设施的底部高程，以适应新的水文节律。

对取水水源在尾闾河道的泵站，主要采取取水口挖沟清淤、更换机组设备提高抽水扬程，在堤外新建一级提水泵站通过压力管道直接将水源输送至灌溉渠系。对直接在鄱阳湖内取水的泵站，拟在湖盆区开挖引水沟渠，或铺设引水涵管，将水引至原取水口附近，同时新建一级提水泵站（原灌溉泵站则为二级提水泵站）。对部分进水闸底板高程较高的涵闸，需对水闸与引水渠系进行改造，以增加进水机会与进水量。对农村水井，采取对于农村供水工程取水头部进行改造、加大取水井深度、改造压水井增加压水深度等措施。

### 4.6.2 湖区提引水更新改造方案

按照灌溉保证率85%和供水保证率95%，计算两湖不同区域圩垸灌溉和水厂供水取水设施需要更新改造达到的闸底板或取水口底部高程，见表4.6-1～表4.6-3。

**表4.6-1 洞庭湖区圩垸灌溉取水设施改造情况**

| 湖区 | 圩垸 | 改造后底板高程/m |
|---|---|---|
| 西洞庭湖区 | 沅江市目平湖垸 | 25.8 |
| | 汉寿县六角山垸 | 25.8 |
| | 汉寿县西湖垸 | 25.8 |
| | 汉寿县沅南垸 | 25.8 |
| 南洞庭湖区 | 湘滨垸湘江西支资水东支 | 25.5 |
| | 共宪间堤 | 25.5 |
| | 沅江共双茶垸 | 25.5 |
| | 永胜垸 | 25.5 |
| | 新胜垸 | 25.5 |
| | 沅江市保民垸 | 25.5 |
| | 资阳区民主垸 | 25.5 |
| | 沅江市长春垸 | 25.5 |

续表

| 湖　区 | 圩　垸 | 改造后底板高程/m |
|---|---|---|
| 南洞庭湖区 | 北湖（白泥湖）垸 | 25.5 |
| | 三汊港垸湘水 | 25.5 |
| 东洞庭湖南区 | 屈原垸 | 18.8 |
| | 钱粮湖南垸 | 18.8 |
| | 钱粮湖北垸 | 18.8 |
| | 沅江大通湖垸 | 18.8 |
| | 磊石垸 | 18.8 |
| | 中洲垸 | 18.8 |
| | 大通湖区 | 18.8 |
| 东洞庭湖北区 | 南湖垸 | 18.2 |
| | 东风湖垸 | 18.2 |
| | 吉家湖垸 | 18.2 |
| | 君山垸 | 18.2 |
| | 建新农场 | 18.2 |

**表 4.6-2　鄱阳湖区圩垸灌溉取水设施改造情况**

| 圩　垸 | 改造后底板高程/m | 圩　垸 | 改造后底板高程/m |
|---|---|---|---|
| 廿四联圩 | 13.1 | 沙湖山圩 | 12.6 |
| 赣西联圩 | 13.1 | 信瑞联圩 | 12.6 |
| 五星圩 | 13.1 | 康山联圩 | 12.6 |
| 梓埠联圩 | 13.6 | 古埠联圩 | 13.1 |
| 抚东联圩 | 13.6 | 枫富联圩 | 13.1 |
| 陈家湖圩 | 13.1 | 大溪圩 | 12.6 |
| 马咀圩 | 15.4 | 共青联圩 | 12.6 |
| 信西联圩 | 13.6 | 附城联圩 | 12.6 |
| 罗溪圩 | 15.4 | 金湖圩 | 12.6 |
| 浆潭联圩 | 12.6 | 荷溪圩 | 12.6 |

续表

| 圩 垸 | 改造后底板高程/m | 圩 垸 | 改造后底板高程/m |
| --- | --- | --- | --- |
| 三角联圩 | 14.8 | 西河东联圩 | 13.6 |
| 九合联圩 | 14.8 | 乐丰联圩 | 13.6 |
| 永北联圩 | 14.8 | 畲湾联圩 | 13.7 |
| 新妙湖圩 | 12.6 | 沿河圩 | 13.6 |
| 矶山联圩 | 12.6 | 碗子圩 | 13.7 |
| 周溪 | 12.6 | 中洲联圩 | 13.6 |
| 南溪 | 12.6 | 潼丰联圩 | 13.6 |
| 长乐联圩 | 13.1 | 问桂道圩 | 13.6 |
| 红旗联圩 | 13.1 | 莲北圩 | 13.6 |
| 蒋巷联圩 | 13.1 | 角丰圩 | 13.6 |
| 南新联圩 | 13.1 | 西河西联圩 | 13.6 |
| 水岚洲圩 | 13.1 | 扬子洲圩 | 13.1 |
| 中洲联圩 | 15.4 | 成朱联圩 | 12.6 |
| 饶河联圩 | 13.6 | 南湖圩 | 14.4 |
| 珠湖联圩 | 13.6 | | |

**表 4.6-3　　鄱阳湖区水厂取水设施改造情况**

| 水 厂 | 地 点 | 改造后取水口底部高程/m |
| --- | --- | --- |
| 星子自来水厂 | 南康镇 | 5.6 |
| 波湖自来水厂 | 白鹿镇 | 5.6 |
| 蓼花自来水厂 | 蓼花镇 | 5.6 |
| 华林自来水厂 | 华林镇 | 5.6 |
| 蓼南水厂 | 蓼南乡 | 5.8 |
| 蛟塘水厂 | 蛟塘乡 | 5.8 |
| 苏家垱水厂 | 苏家垱乡 | 5.8 |
| 沙湖山水厂 | 沙湖山 | 5.8 |
| 都昌县南山自来水厂 | 县城 | 5.8 |

续表

| 水 厂 | 地 点 | 改造后取水口底部高程/m |
|---|---|---|
| 土塘镇自来水厂 | 土塘镇 | 6.5 |
| 三汊港镇自来水厂 | 三汊港镇 | 5.8 |
| 西源乡自来水厂 | 西源乡 | 5.8 |
| 周溪镇自来水厂 | 周溪镇 | 5.8 |
| 南峰乡自来水厂 | 南峰乡 | 6.7 |
| 万户镇自来水厂 | 万户镇 | 5.8 |
| 狮山乡自来水厂 | 狮山乡 | 6.7 |
| 和合乡自来水厂 | 和合乡 | 5.8 |
| 双港镇自来水厂 | 双港镇 | 6.7 |
| 龙口自来水厂 | 莲湖乡 | 6.7 |
| 银宝湖乡自来水厂 | 银宝湖乡 | 8.5 |
| 珠湖乡自来水厂 | 珠湖乡 | 8.5 |
| 柘港乡自来水厂 | 柘港乡 | 8.5 |
| 团林自来水厂 | 团林乡 | 8.5 |
| 鄱中自来水公司 | 高家岭镇 | 8.5 |
| 联圩水厂 | 联圩乡 | 8.4 |
| 流水洞水厂 | 联圩乡 | 8.4 |
| 三里水厂 | 三里集乡 | 8.4 |
| 七里乡水厂 | 七里乡 | 8.4 |
| 恒波水厂 | 恒湖场 | 8.4 |
| 五星水厂 | 五星农场 | 8.4 |
| 成新水厂 | 成新农场 | 6.7 |
| 朱港水厂 | 朱港农场 | 6.7 |
| 珠湖自来水厂 | 珠湖农场 | 8.4 |

根据改善灌溉面积的地理分布与取水水源状况，按地理位置适中、受湖区低水位影响程度能反映湖区平均情况，且既有河道水源又有湖泊水源的原则选择典型圩区，并进行典型圩区的替代工程设计。依据

典型圩区设计成果，按不同水源类别、不同进水口高程、不同引水沟渠（或涵管）长度等要素进行分类，结合各圩区地理位置、灌溉面积规模、增加提水扬程大小等参数，将要素参数类似的圩区用典型圩区的替代工程设计成果进行类比，从而得到其他圩区的替代工程设计成果与投资费用。

#### 4.6.2.1 典型圩垸灌溉和水厂供水更新改造分析

**1. 鄱阳湖区廿四联圩改造**

廿四联圩圩区地处赣江下游尾闾滨湖地区，为赣江主支、北支（包括官港河）和鄱阳湖所夹区域，区内现状灌溉面积 19.97 万亩。区内东部罗滨中心干渠自南向北贯穿恒湖农场，始于恒波分场南面，经罗滨分场三大队、东一大队后止于杨家港泵站，主要引、提赣江北支分汊官港河水灌溉；西部灌溉水源主要为提水工程，提赣江主支和北支水灌溉。区内现有骨干灌排渠道 132 条（含灌排两用渠道），总长度 284.9km。圩区内现有取水工程主要有丰产 1、丰产 2、横岭港、猴子脑、河下、象湖、肖淇、连前等 78 座泵站，共装机容量 15719kW。

廿四联圩属岛形圩区，四面环水，四周均有圩堤保护，圩区地面高程 15～21m，区内无蓄水水库等水源工程，除区域降水自产水量外，鄱阳湖水和赣江尾闾河道水是其唯一取用水源。圩区内现有大部分取水设施的最低运行水位为 12.5～15m，取水底板高程 11～13m。当河湖水位低于最低运行水位时，即产生取水困难，根据湖区低水位情况，现有大部分取水设施的运行水位一般高于湖区低水位 2～5m。廿四联圩杨家港提灌站进水口见图 4.6-1。

为了解决湖区低枯水位引起的灌溉取水困难问题，根据灌溉面积分布及圩区取水条件情况，拟新建丰港、昌邑及恒湖 3 座灌溉站，与现状横岭港、湛下汊及三尖 3 座排灌站共同解决圩内灌溉取水困难问题。

丰港灌溉站、昌邑灌溉站、恒湖灌溉站均取赣江水进行灌溉，灌溉面积分别为 3.4 万亩、2.5 万亩、7.5 万亩。根据灌溉取水流量及枯水季节赣江尾闾河道水位，考虑水头损失，确定三站提水总扬程分别

图 4.6-1 廿四联圩杨家港提灌站进水口

约 6.0m、7.5m、8.0m，泵站装机容量分别为 310kW、275kW、750kW。为与现有灌溉渠系对接，尚需新建渠道 8.5km、渠系建筑物 11 座；现状横岭港、湛下汊及三尖 3 座排灌站灌溉总面积为 6.4 万亩，主要采取取水口挖沟清淤提水灌溉。

经估算，廿四联圩典型工程设计总投资 2730 万元（见表 4.6-4），还需考虑工程日常管理、维修养护的费用。

**表 4.6-4 廿四联圩灌溉设施更新改造方案典型设计成果表**

| 灌溉站 | 取水水源 | 灌溉面积/万亩 | 流量/($m^3/s$) | 总扬程/m | 装机容量/kW | 投资/万元 | 备 注 |
|---|---|---|---|---|---|---|---|
| 丰港 | 赣江 | 3.4 | 3.1 | 6.0 | 310 | 640 | 投资包括泵房、取水建筑物、出水建筑物、机电设备、配套渠系、渠系建筑物等 |
| 昌邑 | 赣江 | 2.5 | 2.2 | 7.5 | 275 | 560 | |
| 恒湖 | 赣江 | 7.5 | 6.7 | 8.0 | 750 | 1530 | |
| 合计 | | 13.4 | 12.0 | 21.5 | 1335 | 2730 | |

**2. 青云水厂改造**

青云水厂水源为赣江，供水对象为南昌市昌南城区，一期工程于 1993 年竣工投产，设计规模为 20 万 $m^3/d$。为了满足南昌市昌南城区城市用水快速增长的需求，青云水厂分别于 1994 年、2001 年开始兴建二期工程和三期工程，二、三期工程设计规模均为 20 万 $m^3/d$，目前，青云水厂总供水能力达到 60 万 $m^3/d$。在 2004 年，由于赣江水位低于设计枯水位，导致取水泵取水困难，增加了 2 根 $D$1420cm×14cm 钢制自流引水管，才使得青云水厂取水困难的问题暂时得以缓解。

受鄱阳湖枯水期低水位影响，赣江枯水期最低水位也逐年降低，青云水厂取水口 2007 年最低水位降至 11.32m，2008 年最低水位降至 11.05m，2009 年最低水位降至 10.54m，2013 年最低水位降至 9.56m，远低于水厂设计枯水位 13.1m。为保证正常供水，保障城市的正常运转，青云水厂采取了积极的应急预案和相关的技术措施，将水泵吸水管与原自流和虹吸引水管直接连通，充分利用取水水泵的吸程，使水泵直接从赣江吸水，暂时缓解了目前的困难。水厂为此每年花费数百万元，但仍然不能从根本上解决问题。如果赣江枯水期低水位继续下降，届时取水泵将无法工作，青云水厂将面临停产的危险。

为解决因赣江枯水期水位过低使水厂取水困难的问题，对取水泵站、引水管、取水头部进行改造，经分析估算，工程总投资约 4160 万元。

#### 4.6.2.2 两湖湖区取水设施更新改造

估算得到洞庭湖区灌溉取水设施提引水更新改造方案工程投资约 25 亿元、年运行费约 2 亿元，鄱阳湖区灌溉取水设施提引水更新改造方案工程投资约 40 亿元、年运行费约 4 亿元，水厂取水设施提引水更新改造方案工程投资约 15 亿元、年运行费约 1 亿元。

### 4.6.3 湖区提引水更新改造方案效果与影响分析

两湖湖区提引水更新改造方案的目标为农田灌溉保证率达到 85%、城乡供水保证率达到 95%，方案实施后，可提高洞庭湖区灌溉供水能力 39%、水厂供水能力 13%，提高鄱阳湖区灌溉供水能力 42%、水厂供水能力 20%，能有效改善湖区圩垸农田灌溉取水条件，保障湖区城镇水厂取水安全和环湖农村居民饮水安全。

该方案也具有其局限性，随着江湖关系进一步变化，两湖低枯水位进一步降低，经该方案改造的提引水工程将再次面临取水困难的问题，因此该方案须随着水文情势变化持续进行更新改造。同时，该方案涉及面广、数量大、任务重，取水工程的引水渠道向湖中心延伸，在汛期工程管护难度较大，可能对防洪、生态等方面造成影响。

### 4.6.4 湖区提引水更新改造方案应用

本书研究提出的两湖湖区提引水更新改造方案在洞庭湖区和鄱阳湖区应对水资源利用问题实践中得到了应用。

**1. 洞庭湖区大通湖垸东南片补水工程**

洞庭湖北部地区分片补水应急工程（一期工程）沅江市大通湖垸东南片补水工程建设内容为新建向南闸、外西闸等2处提水泵站（设计流量22.57$m^3/s$）以及配套整治垸内沟渠，为大通湖垸东南片补水，概算投资约8631万元。

该工程于2018年10月开工建设、2020年12月基本建成并投入试运行。工程建成后，大通湖垸草尾镇、阳罗洲镇、黄茅洲镇和南大膳镇等4个镇灌溉供水能力将明显提高，灌溉耕地面积约44万亩，受益人口约31万人，同时还可向瓦岗湖内湖补水，满足生态基流需要。

**2. 鄱阳湖区角丰圩提灌站更新改造工程**

鄱阳湖区角丰圩提灌站更新改造工程建设内容包括角山提灌站、青湾提灌站、黄家墩提灌站、下圩头提灌站等4座提水灌溉泵站的更新改造，4座泵站的设计流量均为0.22$m^3/s$，改造方案为拆除重建和更换机电设备，概算投资约80万元。

鄱阳县角丰圩提灌站更新改造工程于2018年11月开工建设、2021年1月基本建成并投入试运行。工程实施建成后，鄱阳湖区角丰圩灌溉供水能力将明显提高，灌溉耕地面积约1万亩。

## 4.7 综合调控模式探究

两湖灌溉缺水问题主要出现在三峡蓄水期9—10月，东洞庭湖区部分圩垸在偏枯年份4月出现灌溉缺水；两湖城乡供水问题主要出现在全年低枯水位12月至次年2月期间。为分析综合调控方案运用前后的对比情况，本书研究选取两湖灌溉及城乡供水缺水月份的可供水量作为参数，选取2003—2019年实际工况和综合调控方案运用后工况进行对比，两种工况下多年平均可供水量之差即为增加的枯季供水能力。

### 4.7.1 两湖现状枯季供水能力

结合湖区供需平衡分析成果，以及洞庭湖四口水系区域和鄱阳湖赣抚尾闾区域的灌溉及城乡供水相关成果，三峡水库蓄水运用以来2003—2019年洞庭湖区灌溉缺水月份多年平均可供水量为8.27亿$m^3$、城乡供水缺水月份多年平均可供水量为0.50亿$m^3$，鄱阳湖区灌溉缺水月份多年平均可供水量为6.88亿$m^3$、城乡供水缺水月份多年平均可供水量为2.26亿$m^3$。

### 4.7.2 综合调控方案运用后两湖枯季供水能力

通过湖区提引水设施更新改造、圩垸多源互济统筹调配、四口水系综合整治、赣抚尾闾综合整治等措施相结合的方案，实施后可将两湖枯季灌溉供水量由15.15亿$m^3$提高到16.83亿$m^3$、城乡饮水供水量由2.76亿$m^3$提高到3.23亿$m^3$，洞庭湖区和鄱阳湖区枯期灌溉及城乡供水能力分别提高11.1%和17.0%，综合提高两湖枯期供水能力12.0%。

## 4.8 小结

（1）基于两湖水资源利用安全问题和水资源利用安全目标，提出了干支流水库群优化调控等非工程措施与湖区圩垸多源互济统筹调配、提引水设施更新改造、两湖湖控等工程措施相结合的两湖水资源利用综合调控建议。

(2) 三峡水库蓄水调度优化方案通过延长蓄水期、增加9—10月下泄流量，可一定程度上提高湖区灌溉供水能力，但由于湖区处于湖相向河相转变时期，若要有效抬升河湖水位至灌溉安全水位，需加大泄量以充盈下游干流河道河槽及两湖湖槽，会对三峡水库防洪、发电等综合效益产生影响。因此该方案单独运用改善效果有限。

(3) 两湖流域控制性水库优化调度方案通过增加有补水潜力的水库9—10月下泄流量，仅能小幅抬高洞庭湖和鄱阳湖区水位，该方案单独运用的改善效果较为有限。两湖流域水资源开发利用率相对较低，今后应统筹考虑淹没范围、移民安置、生态环境等影响因素，通过新建和扩建水库，提高流域蓄水能力，进一步提高水资源开发利用率。

(4) 通过湖区提引水设施更新改造、圩垸多源互济统筹调配、四口水系综合整治、赣抚尾闾综合整治等措施相结合的方案，实施后两湖枯期供水能力可提高12.0%。

# 5 结论与展望

## 5.1 主要结论

本书围绕江湖关系变化条件下两湖水资源利用情势变化及调控模式研究，深化了水库群调度、河湖冲淤、天然丰枯变化等不同因素对两湖水资源变化的作用机制的认识，系统分析了江湖关系变化下两湖供水、灌溉等水资源利用安全形势及其演变趋势，提出了工程措施与非工程措施相结合的两湖水资源利用适应性综合调控建议。

(1) 利用最新的水沙实测资料，采用数理统计方法，通过上游控制性水库运行后，长江干流水位变动对洞庭湖、鄱阳湖等典型通江湖泊年内分蓄过程的影响评估，厘清干流水位变动条件下两湖湖区水资源量变化规律和响应机理，分析湖区水资源量变化的主要影响因素。2003—2019年湖南四水径流量没有趋势性变化，三口分流水量减少是洞庭湖入湖径流量减少的主要原因，洞庭湖出湖流量基本与入湖流量变化趋势保持一致，且年内过程受干流顶托影响；鄱阳湖出入湖水量无显著变化趋势，长江干流水文情势变化对鄱阳湖水资源量的影响，主要体现在干流水位年内过程变动导致的湖区年内水资源量变化。

(2) 以两湖湖盆区为研究对象，通过收集梳理湖区圩垸灌溉、城乡水厂供水等取水设施基础资料，结合湖区灌溉制度，分析预测了湖区用水需求，从湖区水量和水位两个角度，运用水动力学数学模型模拟了不同江湖关系变化情景下两湖水资源时空变化趋势，基于湖区水资源供需平衡分析，深化了江湖关系变化对两湖水资源的作用机制的认识，进一步明晰了两湖湖区水资源利用问题主要表现为水位性缺水及其原因。洞庭湖区各圩垸在枯水典型年（$P=85\%$）灌溉需水量为16.59亿$m^3$，鄱阳湖区各圩垸在枯水典型年（$P=85\%$）灌溉需水量为17.85亿$m^3$；相比三峡水库蓄水运用前，2003—2019年洞庭湖、鄱阳湖水量分别由355.68亿$m^3$、540.88亿$m^3$整体减小至324.21亿$m^3$、389.54亿$m^3$，其中9—10月减少明显，但仍能充分满足两湖湖区灌溉需水的可供水量需求，因此水位下降是造成两湖灌溉及城乡供水缺水的主要原因。相比三峡水库蓄水运用前，2003—2019年9—10月洞庭湖区和鄱阳湖区水位下降幅度最大，分别为0.81～1.63m和1.36～2.12m，越靠近长江干流水位降幅越大，导致两湖区灌溉供水安全问题主要集中表现在9—10月；两湖湖区城乡供水安全问题主要集中表现在12月至次年2月，三峡等干流水库枯季补水对湖区作用范围有限。

(3) 基于水库调度模型、水资源调配模型探讨了不同水资源调控措施的可行性，提出了干支流水库群优化调控等非工程措施与湖区圩垸多源互济统筹调配、提引水设施更新改造、两湖湖控等工程措施相结合的两湖水资源利用综合调控建议。三峡水库蓄水调度优化方案通过延长蓄水期、增加9—10月下泄流量，可一定程度上提高湖区灌溉供水能力，而加大泄量以充盈下游干流河道河槽及两湖湖槽，会对三峡水库防洪、发电等综合效益产生影响；两湖流域控制性水库优化调度方案通过增加有补水潜力的水库9—10月下泄流量，仅能小幅抬高洞庭湖和鄱阳湖区水位，该方案单独运用的改善效果较为有限。通过湖区提引水设施更新改造、圩垸多源互济统筹调配、四口水系综合整治、赣抚尾闾综合整治等措施相结合的方案，实施后可将两湖枯季灌溉供水量由15.15亿$m^3$提高到16.83亿$m^3$、城乡饮水供水量由2.76亿$m^3$提高到3.23亿$m^3$，洞庭湖区和鄱阳湖区枯期灌溉及城乡供水能力提高12.2%和11.8%，综合提高两湖枯期供水能力12.0%。

## 5.2 问题与展望

本书利用最新水沙资料初步研究了通江湖泊水资源利用对长江干流水位变动响应机理与调控模式，受限于研究水平和时间等因素，部分章节和内容还存在较多不足，下一步将围绕以下几点继续开展研究。

(1) 受制于荆江三口洪道地形资料限制，研究三口洪道冲淤变化时采用相同流量级下的水位变化幅度代替，虽然一定程度上可以反映枯水流量下的洪道冲淤规律，但由于干流枯水期三口洪道可能存在断流或小流量，分析枯水流量下干流和三口洪道的水位变幅存在较大的误差。

(2) 三峡水库调蓄影响城陵矶水位是全年全过程的，本书研究受限于资料和研究时间仅选择了影响最大且最显著的9—11月，严格意义上讲考虑是不周全的，特别是汛期的调洪作用对洞庭湖的蓄水量和河湖转化过程的影响应该存在一定的累积效应，需要进一步研究。

(3) 水资源调控方案基本考虑了全部可能情景，但是综合调控模式只是简单地叠加了多种调控模式，并没有开展多目标多要素的综合优化，下一步应该加强研究。

# 参考文献


ALCAMO J, GRASSL H, HOFF H, et al., 2005. The global water system project: science framework and implementation activities [J]. Environmental Policy Collection, 19 (2): 62-69.

CHANG J, JINGBAO L I, DIANQING L U, et al., 2010. The hydrological effect between Jingjiang River and Dongting Lake during the initial period of Three Gorges Project operation [J]. Chinese Geographical Science, 20 (005): 771-786.

CHEN M, DENG J, FAN S, et al., 2018. Applying energy theory to understand the relationship between the Yangtze River and Poyang Lake [J]. Journal of Geographical Sciences, 28 (8): 1059-1071.

CHEN M F, LI Y T, LI A Q, et al., 2020. Impact assessment of the three gorges reservoir on the contribution rate for diversion through the three outlets [J]. IOP Conference Series: Earth and Environmental Science, 612 (1): 012004 (11pp).

DAI M, WANG J, ZHANG M, et al., 2017. Impact of the Three Gorges Project operation on the water exchange between Dongting Lake and the Yangtze River [J]. International Journal of Sediment Research, 32 (4): 506-514.

DAI S B, YANG S L, ZHU J, et al., 2005. The role of Lake Dongting in regulating the sediment budget of the Yangtze River [J]. Hydrology & Earth System Sciences, 9 (6): 692-698.

DU Y, XUE H P, WU S J, et al., 2011. Lake area changes in the middle Yangtze region of China over the 20th century [J]. Journal of Environmental Management, 92 (4): 1248-1255.

GUO H, HU Q, ZHANG Q, et al., 2012. Effects of the Three Gorges Dam on Yangtze River flow and river interaction with Poyang Lake, China:

2003h 008 [J]. Journal of Hydrology, 416 (2): 19 - 27.

HAMED K H, 2008. Trend detection in hydrologic data: The Manns Dam on Yangtze River flow and river.

JIMENEZ - CISNEROS B, 2015. Responding to the challenges of water security: the Eighth Phase of the International Hydrological Programme, 2014 - 2021 [J]. Hydrological Sciences and Water Security: Past, Present and Future, 366: 10 - 19.

LAI X, LIANG Q, JIANG J, et al., 2014. Impoundment effects of the Three - Gorges - Dam on flow regimes in Two China's Largest Freshwater Lakes. [J]. Water Resour, 28: 5111 - 5124.

MEI X, DAI Z, VAN GELDER P, et al., 2015. Linking Three Gorges Dam and downstream hydrological regimes along the Yangtze River, China [J]. Earth and Space Science, 2 (4): 94 - 106.

SHAO J, WANG J, LV S Y, et al., 2016. Spatial and temporal variability of seasonal precipitation in Poyang Lake basin and possible links with climate indices [J]. Hydrology Research, 247 (S1): 51 - 68.

WAN R, YANG G, WANG X, et al., 2014. Progress of research on the relationship between the Yangtze River and its connected lakes in the middle reaches [J]. Journal of Lake Sciences, 26 (1): 1 - 8.

YANG S L, ZHANG J, XU X J., 2007. Influence of the Three Gorges Dam on downstream delivery of sediment and its environmental implications, Yangtze River [J]. Geophysical Research Letters, 34 (10): L10401 - 1 - 10401 - 5 - 0.

ZHANG Q, LI L, WANG Y G, et al., 2012. Has the Three-Gorges Dam made the Poyang Lake wetlands wetter and drier? [J]. Geophysical Research Letters, 39 (20): 20401 - 20407.

ZHANG R, ZHANG S H, XU W, et al., 2015. Flow regime of the three outlets on the south bank of Jingjiang River, China: an impact assessment of the Three Gorges Reservoir for 2003-2010 [J]. Stochastic Environmental Research & Risk Assessment, 29 (8): 2047 - 2060.

ZHANG P, TAN Z L, HU Q, et al., 2019. Geological impact of the Three Gorges Reservoir on the Yangtze River in China [J]. Environmental Earth Sciences, 78 (15): 1 - 12.

ZHENG M H, ZHANG B, BAO Z C, et al., 2000. Analysis of pentachlorophenol from water, sediments, and fish bile of Dongting Lake in China [J]. Bulletin of Environmental Contamination & Toxicology, 64 (1): 16-19.

SUN S R, XIE P, CHEN K B, et al., 2018. Impact of different refill operation rules of the Three Gorges Reservoir on the water level of the Outlet of Dongting Lake [J]. Resources and Environment in the Yangtze Basin, 27 (8): 1819-1826.

邴建平，邓鹏鑫，吕孙云，等，2017. 鄱阳湖与长江干流水量交换效应及驱动因素分析 [J]. 中国科学：技术科学，47 (8)：856-870.

邴建平，邓鹏鑫，张冬冬，等，2020. 三峡水库蓄水运用对鄱阳湖江湖水文情势的影响 [J]. 人民长江，51 (3)：87-93.

戴仕宝，杨世伦，赵华云，等，2005. 三峡水库蓄水运用初期长江中下游河道冲淤响应 [J]. 泥沙研究，5：35-39.

戴雪，万荣荣，杨桂山，等，2014. 鄱阳湖水文节律变化及其与江湖水量交换的关系 [J]. 地理科学，34 (12)：1488-1496.

邓志民，张翔，肖洋，等，2015. 鄱阳湖水位演变及其影响因子分析 [J]. 武汉大学学报（工学版），2015，48 (5)：615-621.

丁惠君，栾震宇，许新发，2014. 三峡工程运用对鄱阳湖水资源利用影响分析 [J]. 长江流域资源与环境，23 (12)：1671-1677.

董增川，梁忠民，李大勇，等，2012. 三峡工程对鄱阳湖水资源生态效应的影响 [J]. 河海大学学报（自然科学版），40 (1)：13-18.

范少英，邓金运，王小鹏，等，2019. 三峡水库运用对鄱阳湖调蓄能力的影响 [J]. 水科学进展，30 (4)：537-545.

方春明，毛继新，陈绪坚，2007. 三峡工程蓄水运用后荆江三口分流河道冲淤变化模拟 [J]. 中国水利水电科学研究院学报，5 (3)：181-185.

方春明，曹文洪，毛继新，等，2012. 鄱阳湖与长江关系及三峡蓄水的影响 [J]. 水利学报，43 (2)：175-181.

方春明，胡春宏，陈绪坚，2014. 三峡水库运用对荆江三口分流及洞庭湖的影响 [J]. 水利学报，45 (1)：36-41.

冯文娟，徐力刚，范宏翔，等，2015. 梅西湖与鄱阳湖水位变化关系及其水量交换过程分析 [J]. 陕西师范大学学报（自然科学版），43 (4)：83-88.

付湘，赵秋湘，孙昭华，2019. 三峡水库试验性蓄水期调度运行对洞庭湖蓄水

量变化的影响 [J]. 湖泊科学，31 (6)：1713-1725.
甘明辉，刘卡波，杨大文，2011. 洞庭湖四口河系防洪、水资源与水环境研究 [J]. 水力发电学报，30 (5)：5-9，34.
葛华，朱玲玲，张细兵，2014. 三峡水库洪水调度对洞庭湖吞吐水量的影响 [J]. 浙江水利科技，42 (5)：6.
郭华，HU QI，张奇，2011. 近50年来长江与鄱阳湖水文相互作用的变化 [J]. 地理学报，66 (5)：609-618.
郭小虎，渠庚，朱勇辉，2011. 三峡水库运行初期长江城陵矶水沙变化规律分析 [J]. 水电能源科学，29 (10)：78-80，104.
郭小虎，朱勇辉，渠庚，2010. 三峡水库蓄水后江湖关系的研究 [J]. 水电能源科学，28 (12)：33-35.
郭慧芳，马海波，董增川，等，2012. 改进的多目标粒子群算法在鄱阳湖水资源优化配置中的应用 [J]. 中国农村水利水电，10：61-64.
韩其为，2014. 江湖关系变化的内在机理 [J]. 长江科学院院报，31 (6)：104-112.
何征，万荣荣，戴雪，等，2015. 近30年洞庭湖季节性水情变化及其对江湖水量交换变化的响应 [J]. 湖泊科学，27 (6)：991-996.
胡向阳，张细兵，黄悦，2010. 三峡工程蓄水后长江中下游来水来沙变化规律研究 [J]. 长江科学院院报，27 (6)：4-9.
贺秋华，余德清，余姝辰，等，2021. 三峡水库运行前后洞庭湖水资源量变化 [J]. 地球科学，46 (1)：293-307.
胡光伟，2014. 洞庭湖水沙时空演变及其对水资源安全的影响研究 [D]. 长沙：湖南师范大学.
胡光伟，毛德华，李正最，2014. 三峡工程运行以来洞庭湖水沙过程变异及其影响分析 [J]. 水土保持研究，20 (5)：170-175，192.
胡振鹏，傅静，2018. 长江与鄱阳湖水文关系及其演变的定量分析 [J]. 水利学报，49 (5)：570-579.
胡莎莉，2017. 水利工程建设对鄱阳湖区生态环境的影响分析 [D]. 南昌：南昌大学.
黄峰，吴瑶，曾天山，等，2017. 三峡水库运行后鄱阳湖水文情势变化特征 [J]. 水电能源科学，35 (6)：35-37.
黄秋萍，黄国勤，HUANG Qiu-Ping，等，2007. 鄱阳湖水资源开发利用存在的问题及对策 [J]. 江西农业学报，19 (4)：82-85.

黄华金，刘小东，2015. 鄱阳湖低水位对环湖区农业灌溉的影响分析［J］. 人民长江，46（11）：15－17，35.
姜恒，钱湛，张双虎，等，2019. 洞庭湖区水位降低对农田灌溉的影响［J］. 湖南水利水电，2：41－43.
姜恒，钱湛，张双虎，等，2019. 城陵矶综合枢纽对洞庭湖区水位的抬高作用［J］. 中国农村水利水电，6：29－34.
姜加虎，黄群，1996. 三峡工程对洞庭湖水位影响研究［J］. 长江流域资源与环境，4：367－374.
来红州，莫多闻，苏成，2014. 洞庭湖演变趋势探讨［J］. 地理研究，1：78－86.
来红州，莫多闻，2004. 构造沉降和泥沙淤积对洞庭湖区防洪的影响［J］. 地理学报，4：574－580.
李芳芳，潘思怡，赖格英，等，2019. 拟建鄱阳湖水利枢纽工程对湖泊湖流影响的模拟研究［J］. 江西科学，37（1）：90－97.
李景保，王克林，秦建新，等，2005. 洞庭湖年径流泥沙的演变特征及其动因［J］. 地理学报，60（3）：503－510.
李景保，周永强，欧朝敏，等，2013. 洞庭湖与长江水体交换能力演变及对三峡水库运行的响应［J］. 地理学报，68（1）：108－117.
李雨，许全喜，2017. 三峡水库运用后长江倒灌鄱阳湖特性研究［J］. 工程科学与技术，49（6）：10－18.
李云良，张奇，姚静，等，2013. 鄱阳湖湖泊流域系统水文水动力联合模拟［J］. 湖泊科学，25（2）：227－235.
李志斌，黄云仙，2009. 洞庭湖四口河系水资源综合调控体系方案建议［J］. 湖南水利水电，4：2.
李凯轩，李志威，胡旭跃，等，2020. 洞庭湖区蓄洪垸内农田渠系连通性评价及优化. 水资源与水工程学报，31（6）：236－242.
李义天，邓金运，孙昭华，等，2001. 洞庭湖调蓄量变化及其影响因素分析［J］. 泥沙研究，6：1－7.
李义天，郭小虎，唐金武，等，2009. 三峡建库后荆江三口分流的变化［J］. 应用基础与工程科学学报，17（1）：21－31.
梁亚琳，黎昔春，郑颖，2015. 洞庭湖径流变化特性研究［J］. 中国农村水利水电，5：67－71.
刘成，张翔，肖洋，等，2015. 鄱阳湖五河流域入湖年径流变化特征分析

[J]. 水电能源科学，33 (5)：1-4.
刘固华，冯楚生，2012. 浅析三峡工程运行对东洞庭湖区防汛抗旱的影响[C]//中国科协，湖南省科协，中国环境科学学会. 第二届中国湖泊论坛论文集. 长沙：中国科协，湖南省科协，中国环境科学学会，93-100.
刘健，张奇，许崇育，等，2009. 近50年鄱阳湖流域径流变化特征研究 [J]. 热带地理，29 (3)：213-218.
刘小东，任兵芳，2014. 鄱阳湖低枯水位变化特征与成因探讨 [J]. 人民长江，45 (4)：12-16.
刘志刚，倪兆奎，2015. 鄱阳湖发展演变及江湖关系变化影响 [J]. 环境科学学报，35 (5)：1265-1273.
刘可群，梁益同，黄靖，等，2009. 基于卫星遥感的洞庭湖水体面积变化及影响因子分析 [J]. 中国农业气象，30 (S2)：281-284，336.
刘卡波，丛振涛，栾震宇，2011. 长江向洞庭湖分水演变规律研究 [J]. 水力发电学报，30 (5)：16-19.
刘万千，钱湛，张双虎，2016. 洞庭湖水位变化趋势及原因分析 [J]. 中国防汛抗旱，26 (4)：51-54.
刘章君，成静清，温天福，等，2018. 三峡水库汛末蓄水对鄱阳湖水位的影响研究 [J]. 中国农村水利水电，2：103-108，112.
卢金友，姚仕明，2018. 水库群联合作用下长江中下游江湖关系响应机制[J]. 水利学报，49 (1)：36-46.
栾震宇，施勇，陈炼钢，等，2009. 三峡工程蓄水前后长江中游水位流量变化分析 [J]. 人民长江，40 (14)：44-46.
罗蔚，2014. 变化环境下鄱阳湖典型湿地生态水文过程及其调控对策研究[D]. 武汉：武汉大学.
孟熊，廖小红，黎昔春，2014. 洞庭湖水位变化特性及影响研究 [J]. 人民长江，45 (13)：17-21.
欧阳千林，刘卫林，2014. 近50年鄱阳湖水位变化特征研究 [J]. 长江流域资源与环境，23 (11)：1545-1550.
齐凌艳，黄佳聪，高俊峰，等，2017. 鄱阳湖枯水水位及流速时空分布模拟[J]. 长江流域资源与环境，26 (4)：572-584.
钱湛，张双虎，卓志宇，2014. 四水入洞庭湖水量变化趋势及周期分析 [J]. 人民长江，45 (15)：39-42.
施勇，栾震宇，陈炼钢，等，2010. 长江中下游江湖关系演变趋势数值模拟

[J]. 水科学进展，21 (6)：832-839.

施修端，夏薇，杨彬，2000. 城陵矶站水沙及水位流量关系变化分析 [J]. 人民长江，3：35-36，47.

施亚栋，丛振涛，2011. 洞庭湖四口河系地区水资源需求及配置研究 [J]. 水力发电学报，30 (5)：35-39.

史璇，肖伟华，王勇，2012. 近 50 年洞庭湖水位总体变化特征及成因分析 [J]. 南水北调与水利科技，10 (5)：18-22.

水利部长江水利委员会，2011. 鄱阳湖区综合治理规划 [R].

水利部长江水利委员会，2012. 长江流域综合规划（2012—2030 年）[R].

水利部长江水利委员会，2013. 鄱阳湖水情变化及水利枢纽有关影响研究 [R].

孙占东，黄群，姜加虎，等，2015. 洞庭湖近年干旱与三峡蓄水影响分析 [J]. 长江流域资源与环境，24 (2)：251-256.

唐金武，李义天，孙昭华，等，2010. 三峡蓄水后城陵矶水位变化初步研究 [J]. 应用基础与工程科学学报，18 (2)：273-280.

田伟国，彭嘉栋，沈军，等，2012. 基于 MODIS 影像序列的三峡截流前后洞庭湖面积变化序列分析 [J]. 安徽农业科学，40 (16)：9141-9145.

万荣荣，杨桂山，王晓龙，等，2014. 长江中游通江湖泊江湖关系研究进展 [J]. 湖泊科学，26 (1)：1-8.

王丹，张双虎，王国利，等，2020. 鄱阳湖枯水期水位变化及其影响因素量化分析 [J]. 水力发电学报，39 (3)：1-10.

汪迎春，赖锡军，姜加虎，等，2011. 三峡水库调节典型时段对鄱阳湖湿地水情特征的影响 [J]. 湖泊科学，23 (2)：191-195.

王俊，郭生练，谭国良，等，2017. 变化环境下鄱阳湖区水文水资源研究与应用 [M]. 北京：中国水利水电出版社.

王鹏，赖格英，黄小兰，2014. 鄱阳湖水利枢纽工程对湖泊水位变化影响的模拟 [J]. 湖泊科学，26 (1)：29-36.

王旭，肖伟华，朱维耀，等，2012. 洞庭湖区供水安全问题 [J]. 南水北调与水利科技，10 (1)：82-84，93.

王晓燕，田谷顺，韩帅，等，2021. 三峡运行对洞庭湖区供水影响及供水规划思路探讨 [J]. 湖南水利水电，4：4-6，18.

王鸿翔，查胡飞，李越，等，2019. 三峡水库对洞庭湖水文情势影响评估 [J]. 水力发电，45 (11)：14-18，44.

韦丽，李梅，喻中文，等，2015. 鄱阳湖流域赣江抚河尾闾区域河湖水系连通及跨流域调水初探［C］//中国水利学会．中国水利学会 2015 学术年会论文集（下册），327－331.

吴培军，万晓明，徐继铭，等，2019. 鄱阳湖枯水期水位变化及应对措施［J］. 水资源保护，35（6）：104－108，123.

熊海滨，孙昭华，李明，等，2020. 清水冲刷条件下长江中游沙卵石河段局部卵石淤积成因［J］. 水科学进展，31（4）：524－534.

徐卫红，张双虎，李娜，等，2022. 长江全流域大洪水下三峡水库对洞庭湖区防洪贡献分析［J］. 湖泊科学，34（3）：935－944.

徐卫明，段明，2013. 鄱阳湖水文情势变化及其成因分析［J］. 江西水利科技，39（3）：161－163.

徐照明，胡维忠，游中琼，2014. 三峡水库运用后鄱阳湖区枯水情势及成因分析［J］. 人民长江，45（7）：18－22.

徐扬民，2005. 鄱阳湖区生态用水及水资源优化配置研究［D］. 南昌：南昌大学.

许继军，陈进，2013. 三峡水库运行对鄱阳湖影响及对策研究［J］. 水利学报，44（7）：757－763.

要威，余启辉，游中琼，2015. 长江上游水库调度缓解鄱阳湖枯水情势作用研究［J］. 人民长江，46（24）：1－5.

余姝辰，余德清，王伦澈，等，2019. 三峡水库运行前后洞庭湖洲滩面积变化遥感认识［J］. 地球科学，44（12）：4275－4283.

余明辉，段文忠，刘智，等，2005. 长江中下游洪水位与河床冲淤关系初探［J］. 水利水电科技进展，3：18－21.

余启辉，马强，游中琼，2013. 鄱阳湖水利枢纽调度对湖区枯期水位与流速影响［J］. 人民长江，44（17）：18－21.

赵秋湘，付湘，孙昭华，2020. 三峡水库运行对荆江三口分流的影响评估［J］. 长江科学院院报，37（2）：7－14.

赵军凯，2011. 长江中下游江湖水交换规律研究［D］. 上海：华东师范大学.

赵军凯，李九发，蒋陈娟，等，2013. 长江中下游河湖水量交换过程［J］. 水科学进展，24（6）：759－770.

张双虎，蒋云钟，刘晓志，等，2013. 鄱阳湖区水资源安全问题分析［C］//中国水利学会. 中国水利学会 2013 学术年会论文集——S2 湖泊治理开发与保护，231－235.

仲志余，胡维忠，2008. 试论江湖关系［J］. 人民长江，39（1）：20－22.
仲志余，余启辉，2015. 洞庭湖和鄱阳湖水量优化调控工程研究［J］. 人民长江，46（19）：52－57.
周蕾，李景保，汤祥明，等，2017. 近60a来洞庭湖水位演变特征及其影响因素［J］. 冰川冻土，39（3）：660－671.
周建军，张曼，2019. 长江鄱阳湖问题的原因及湖口建闸的影响［J］. 水资源保护，35（2）：1－12.
朱玲玲，许全喜，戴明龙，2016. 荆江三口分流变化及三峡水库蓄水影响［J］. 水科学进展，27（6）：822－831.

# 彩　　图

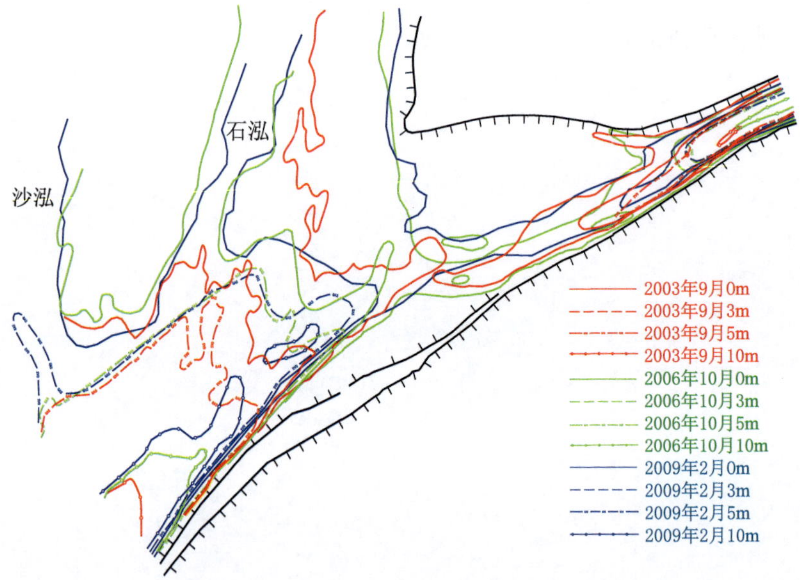


图 2.3-1　三峡水库蓄水运用后松滋口口门荆江干流河势变化

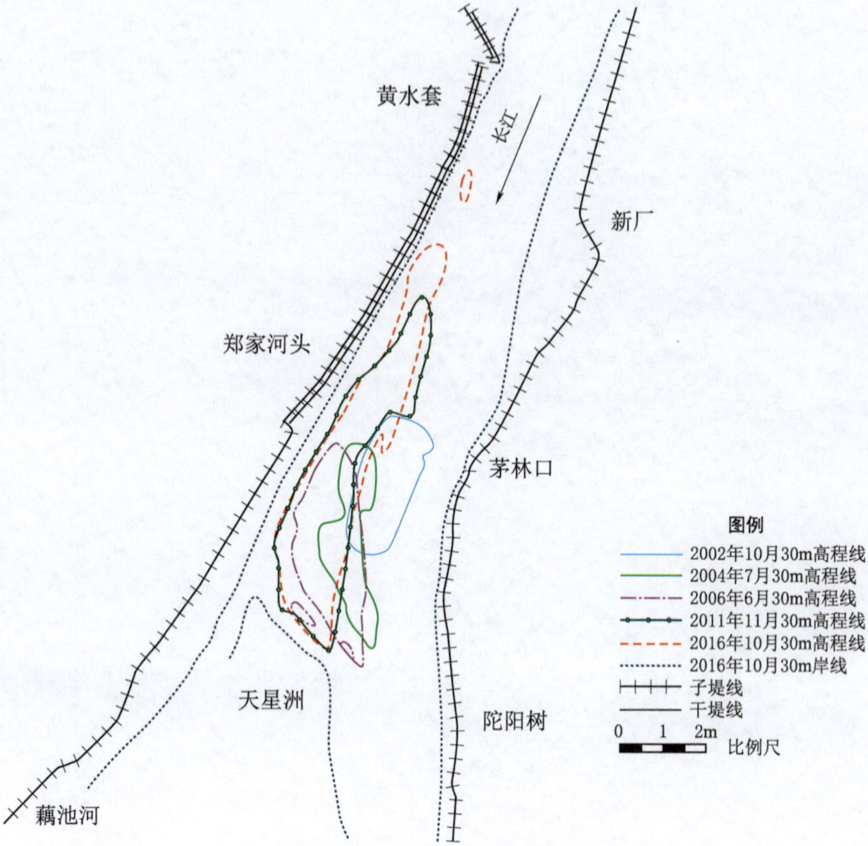


图 2.3-4 天星洲头部心滩 30m 高程等高线多年平面变化图